小园林设计与技术译丛

绿色屋顶手册

——设计、安装及维护指南

［美］ 埃德蒙·克林顿·斯诺德格拉斯
琳达·麦金太尔 著
戴代新 董楠楠 译
孙彬 校

中国建筑工业出版社

这处位于美国宾夕法尼亚州立大学的粗放型绿色屋顶，使用了一些多年生植物和禾本科植物来增加其观赏价值。

图书在版编目（CIP）数据

绿色屋顶手册——设计、安装及维护指南 /（美）埃德蒙·克林顿·斯诺德格拉斯，琳达·麦金太尔著；戴代新，董楠楠译. —北京：中国建筑工业出版社，2018.3
（小园林设计与技术译丛）
ISBN 978-7-112-21901-8

Ⅰ.①绿… Ⅱ.①埃… ②琳… ③戴… ④董… Ⅲ.①屋顶—绿化—建筑设计—手册 Ⅳ.①TU985.12-62

中国版本图书馆CIP数据核字（2018）第041004号

责任编辑：戚琳琳　张鹏伟　费海玲
责任校对：芦欣甜

小园林设计与技术译丛

绿色屋顶手册——设计、安装及维护指南

[美] 　埃德蒙·克林顿·斯诺德格拉斯
　　　琳达·麦金太尔　　 著

　　　戴代新　董楠楠　译
　　　孙彬　校

*

中国建筑工业出版社出版、发行（北京海淀三里河路9号）

各地新华书店、建筑书店经销

北京锋尚制版有限公司制版

北京方嘉彩色印刷有限责任公司印刷

*

开本：850×1168毫米　1/16　印张：19　字数：244千字

2018年4月第一版　2018年4月第一次印刷

定价：**168.00**元

ISBN 978 – 7 – 112 – 21901 – 8
　　　　（31510）

版权所有　翻印必究

如有印装质量问题，可寄本社退换

（邮政编码100037）

目录

美国费城郊外斯沃斯莫尔学院的一幢宿舍上，风铃草属植物使绿色屋顶成为亮点。

致谢

若不是得益于所有致力于发展绿色屋顶技术的人们的慷慨帮助，本书不可能得以完成。宾夕法尼亚州立大学、密歇根州立大学、俄勒冈州立大学、马里兰大学、奥克兰大学、加利福尼亚州科学院、伯德·约翰逊夫人野花中心，以及波特兰、俄勒冈、芝加哥等城市的朋友们都分享了他们的研究成果、宝贵时间，并开放场地方便我们摄影。美国景观建筑协会总部、美国国会图书馆国家音频视频保护中心、斯沃斯莫尔学院、Dansko公司公开邀请我随时去拍摄。感谢所有人——因人数太多无法一一提及——他们来自业内各个地区，与我们分享他们的深刻见解并给予反馈。

感谢埃默里诺尔农场的全体成员给我的支持，他们是最棒的共事同伴。非常感谢我的妻子Lucie一直以来对我不懈的支持。

最重要的是，如果没有我的合著者，琳达·麦金太尔的不倦创作、访谈和为所有细节的辛苦付出，本书亦无法完成。

——埃德蒙·克林顿·斯诺德格拉斯

本书的创作其实是一个协作的过程——不仅仅是埃德蒙和我，而是我们和众多慷慨耐心的专家之间的协作。由衷感谢促成本书的所有人，特别要感谢其中一些专家。屋顶景观方向的查理·米勒（Charlie Miller），从我作为《风景园林杂志》（*Landscape Architecture magazine*）特约撰稿人和编辑时第一次了解到绿色屋顶起，便已成为我这名英语专业生常去讨教的工程师。虽然我没有机会去听他的课，但经验告诉我，宾夕法尼亚州立大学绿色屋顶研究中心的罗伯特·博格阿格（Robert Berghage）是位了不起的教师。绿色屋顶服务部的彼得·斐利比（Peter Philippi）和Jorg Breuning将他们在大西洋两岸研究中获得的专业成果毫无保留地分享给我。所有这些工作繁忙的人都会欣然接受我的不断提问并为我耐心解答。

比尔·汤普森（Bill Thompson），我的前任老板和《风景园林杂志》2009年秋季以前的管理者，鼓励我坚持对绿色屋顶的兴趣，要求我进行批判分析而非肤浅地支持，使我铭记为读者提供实用、易懂、条理清晰的信息的重要性。他的评论和建议，以及经验教训，使本书有了极大的进步。

此外，我还要感谢下列人员的帮助，他们与我分享了在这一领域中的见解：Jason Abbey，合伙人，FXFOWLE Architects公司；格伦·艾布拉姆斯（Glen Abrams），费城水务局，流域办公室；Paul Bassett，Hydro-Logix Solutions, Inc.公司创始人；Ed Beaulieu，首席可持续发展官，Aquascape股份有限公司；迈克尔·巴克夏（Michael Berkshire），绿色项目管理员，芝加哥市；杰弗里·布鲁斯（Jeffrey Bruce），董事长，Jeffrey L. Bruce & Company公司，景观建筑师和规划师；Jim Burton，construction services公司；斯蒂芬·布什内尔（Stephen Bushnell），产品主管，Fireman's Fund保险公司；Ayehlet Cooper，园艺师，Furbish公司；Patrick Cullina，园艺和设备副总裁，布鲁克林植物园；Lance Davis，可持续设计专家，美国总务管理局；Darren DeStefano，园艺师，美国总务管理局；劳拉·迪金森（Laura Dickinson），研究生，哥伦比亚大学；Angie Duhrman，绿色屋顶经理，Tecta America公司；迈克尔·菲比施（Michael Furbish），董事长，Furbish公司；斯图尔特·加芬（Stuart Gaffin），助理研究员，美国哥伦比亚大学气候系统研究中心；Drew Gangnes，土木工程主管，Magnusson Klemencic Associates公司；Mark Gaulin，Tecta America公司高级副总裁兼首席运营官，以及Magco公司创始人；达斯迪·盖奇（Dusty Gedge），野生动植物咨询师和livingroofs.org的联合创始人；Robert Goo，环境保护专家，美国环境保护署；阿兰·古德（Alan Good），景观展览主管，加州科学院；Chris和丽莎·古德（Lisa Goode），Goode Green绿色屋顶设计和安装公司的所有者；Denis Gray，Denis Gray园艺公司的所有者；肯·海森堡（Ken Hercenberg），助理副总裁兼产品规格领导，Cannon设计公司；Elizabeth Kennedy，Elizabeth Kennedy景观设计公司；Nancy Kiefer，设备和办公服务主管，世界资源研究所；杰森·金（Jason King），景观建筑师，Greenworks公司；彼得·吉勒普（Peter Kjellerup），Dansko公司创始人；克里斯·克劳斯（Chris Kloss），高级环境科学家，环保开发中心；Michael Krawiec，项目经理，URS公司；汤姆·立普顿（Tom Liptan），波特兰环境服务局；约翰·卢米斯（John Loomis），SWA集团；大卫·麦肯吉（David MacKenzie），LiveRoof有限责任公司所有者；Hanna Packer，设计助理，Town and Gardens有限责任公司；马特·帕尔默（Matt Palmer），生态学、进化学和环境生物学系，哥伦比亚大学；达莉亚·佩恩（Daria Payne），后勤经理，Dansko公司；格雷格·雷蒙（Greg Raymond），管理人员，Ecogardens公司；Steve Sawyer，植物种植经理，赛威尔友谊中学；Mike Saxenian，助理校长兼首席财务官，赛威尔友谊中学；马克·西蒙斯（Mark Simmons），生态学家，伯德·约翰逊夫人野花中心；Jennifer W. Souder，助理主管兼基建主管，皇后区植物园；吉姆·斯塔姆（Jim Stamer），董事长，Prospect Waterproofing公司；珍妮特·斯图尔特（Jeanette Stewart），创始人兼董事长，Lands and Waters公司；Brian Taylor，土木设计工程师，Magnusson Klemencic Associates公司；丹尼斯·王尔德（Dennis Wilde），董事长，Gerding Edlen Development公司；Mary Wyatt，执行主管，TKF Foundation公司；以及Jennifer Zuri，市场企划经理，Aquascape股份有限公司。

　　我的合著者渊博的知识和丰富的经验，以及在我紧张情绪下他沉着冷静的态度，使得这项艰巨的写作任务不但得以完成而且充满乐趣。我会怀念与埃默里诺尔农场的全体人员的例会（还有在Broom's Bloom dairy的冰淇淋间歇）。埃德蒙和我还想感谢Tom Fischer和Timber Press出版社团队的其他人，以及我们出色的编辑Lisa DiDonato Brousseau，感谢他们的指导、支持和专业意见。

　　最后，如果没有我的丈夫Jeff对我的关爱、支持、耐心、体贴和烹制的晚餐陪我走过创作的过程，我将无法完成这个项目的写作。

——琳达·麦金太尔

绿色屋顶越来越受大学校园的
欢迎。斯沃斯莫尔学院这幢宿
舍的两层楼顶上都布置了绿色
屋顶，每个绿色屋顶都能从建
筑内部看到。

前言

在2006年出版的《绿色屋顶植物》（*Green Roof Plants*）一书中，埃德蒙和露茜针对屋顶种植品种的选择和培育为北美读者提供了首次全面的指导，使许多读者了解到了绿色屋顶这个概念。尽管距那本书完成只有若干年时间，但随着绿色建筑逐渐成为主流，经济趋势迫使对先前事物的重新评估，现在正适合拓宽视野，超越绿色屋顶园艺学，看看自十多年前北美第一个绿色屋顶建成以来，这一行业的发展进程。本书目标定位为广大读者，包括所有可能参与绿色屋顶项目的人：客户、建筑师、景观设计师、屋顶承包商、生态学者、苗圃工作者、房地产经理以及维护团队。

绿色屋顶技术在欧洲的发展已相对成熟，但在北美更多变的气候、更灵活的标准和建筑文化下仍然有待考验，尽管如此，更多地方的更多绿色屋顶在性能方面已增加了广度和深度。北美的绿色屋顶行业尚处于初期阶段，但随着时间的推移，这些屋顶的性能已经在某种程度上揭示了不同建造方法的利与弊，并且强调了维护的重要性。随着更多项目的建成，行业先驱者们遇到的困难和取得的成就可以指引后来人做出适当的选择。

越来越多的信息资源可供感兴趣的人或考虑为项目建造绿色屋顶的人参考。然而，这些信息中有很多仅在政府报告或如Hort-Science等科技期刊中发表过，而且据说还是由那些忙于设计和建造绿色屋顶，而无暇写文章和书籍的人掌握的。一些可在大众媒体获取或在线获取的信息起了误导作用，或者仅适用于特定的地区和有限的情况下。我们的目标是从这个领域和其领导者那里收集最中肯的经验教训，并将这些经验教训提供给广大读者参考。

除了评估传统观点以外，我们还咨询了设计师、建造师、科学家，以及在绿色屋顶建筑中生活和工作的人们，请他们对绿色屋顶项目发表意见。我们和业内各个方面的专家沟通，为我们反复听到的问题寻找答案：如何设计和建造绿色屋顶才能使它在无需大规模维护的状态下更加持久？在不成功的项目案例中最常见的原因是什么？北美哪些部分最适合安装绿色屋顶？绿色屋顶在这些地方是否无论如何都无法存活？设计师和建造师如何保证客户能够接受刚刚完成种植的绿色屋顶，并且了解为了绿色屋顶的成功将要长期担负的责任？绿色屋顶和周围地坪景观有什么关联？本地植物能在绿色屋顶上存活吗？绿色屋顶环境适合草本植物、水果和蔬菜生长吗？

备受瞩目的项目，如芝加哥的千禧公园，也对绿色屋顶产生了兴趣。

我们走访了北美和世界其他一些地区的绿色屋顶，记录下哪种方法最成功、哪种设计目标最难实现和维护。我们与设计师和建造师讨论如何将绿色屋顶与项目结合在一起，在建筑和场地范围内，如何最有效地将绿色屋顶和其他措施相结合，以减轻建筑对景观的冲击。我们向科学家咨询了经过研究和监测确认的绿色屋顶使用寿命，并且量化了绿色屋顶技术的效益。我们调查了客户的满意度，并且咨询了绿色屋顶的维护人员——如果有人维护的话——他们最大的挑战是什么，他们如何解决常见问题，他们如何使这些屋顶保持健康和茂盛。

在瑞士等一些欧洲国家，绿色屋顶的建造情况良好。

我们的意图是为人们指引绿色屋顶设计、安装和维护过程的方向，而不是给出所有的答案。如果说在写书的过程中我们学到了什么，那应该是在绿色屋顶的世界里仍有很多未知和不确定。建筑的形式千变万化，而绿色屋顶——有生命的景观——形式更加多变。成功的项目外观会随着时间的推移发生变化，其性能也可能随气候改变而不同。绿色屋顶的设计和安装在某种程度上就是信任度的提升。越来越多的人相信令人欣慰的结果是值得的，不论是减少了排放到当地河流和小溪中的污水，软化了城市硬质景观，或是仅仅将它当作一个空中花园。

我们希望将我们的发现以一种对读者的不同需求有帮助的方式呈现出来。首先是简要讨论绿色屋顶的效益和构件。行业信息的更新和越来越多的地方政府激励措施也放在本书的前半部分。与飞速变化的监管环境保持一致很有挑战性——在本书付样时可能就已经发生了变化——但是一些趋势却很明显。例如，许多城市的雨洪管理基础设施都负担过重，而绿色屋顶可以通过减少径流量来缓解基础设施的压力。一些城市正在试行创新方法以鼓励私营企业建造绿色建筑，其中包括税收激励、密度奖金和绿色空间要求。这些计划的初期结果如何？

此外，我们还讨论了如何组建绿色屋顶项目团队。这是一门名副其实的跨学科技术——实质上是一套为生命建造的系统，它包含了建筑学、工程学、园艺学、生态学，以及视工程目标和范围而定的其他学科。尽管周末时爱好者可能想在他（她）的车库上安装绿色屋顶看看会发生什么，但大多数人不会将绿色屋顶项目当作是一次实验的机会。

那些已经决定在自己的项目中安装绿色屋顶的人们，如果愿意，可以直接阅读第4章和第5章，检验不同的设计范例，包括每个范例的介绍和经验教训。尽管许多绿色屋顶的建造都要受雨洪管理条例的约束，但那些更注重美观的人们同样也会有自己的意见。正在考虑建造绿色屋顶的人们，不论绿色屋顶简单还是精致，只要尽早坚定目标就会收到满意的回报。我们检验了每种方法的利与弊，以便为人们提供帮助。

即使是最无好奇心的读者也应该确保读完绿色屋顶的维护章节，这经常是绿色屋顶成败的关键。作为工程学和生态学的技术结合，绿色屋顶有一些特殊的需求，而这些需求在许多情况下能够通过日常观察和有限的干预得到满足。尽管有时会听到一些承诺，但绿色屋顶并非完全不需要维护，而且人们对"低维护"的定义方式也迥然不同。对于这项单调乏味却至关重要的功能，那

维护能使绿色屋顶保持健康和富有吸引力。

些无法保证提供充足资源的人们也许应该重新考虑绿色屋顶是否适合他们的项目。

想了解更多信息的读者可以在资源部分找到我们的建议。我们收集了相关的综合信息和行业信息、政策和激励措施、学术研究项目、认证和授权，以及其他有帮助的参考资源，这些资源大部分可以在线获取。

为什么不是所有新的屋顶都要绿化？

近来你会发现很多著作狂热地赞扬绿色屋顶有多么好、多么环保，可持续设计能够拯救地球，甚至拯救不景气的经济。然而，厚望和令人愉悦的口号并不足以使绿色屋顶技术和其他可持续建筑实践得到广泛应用。

为了推广绿色屋顶技术，我们将要对挑战、承诺、涉及的成本和效益进行坦诚的讨论。客户和设计师将要做出选择和权衡。我们需要收集并传播数据，指出从生命周期的角度来看，绿色屋顶和其他环保设计的费用更低、效率更高，尽管起初安装管道和蓄洪水库时可能造价更高。此外，还需要研究施工的具体细节、偶尔困难但却必不可少的维护工作，以及对工作中有效与无效的清晰评价。我们希望本书能为这个过程做出有意义的贡献。

强化型绿色屋顶的土壤较深，
适合乔木、灌木的生长和接待
较多的访客。

第1章　绿色屋顶的基础

要点

- 绿色屋顶不是典型的屋顶花园。
- 潜在的效益包括：

    雨洪管理；

    延长屋顶防水层的寿命；

    降低能源成本；

    缓解城市热岛效应（如果广泛实施）；

    为城市野生动物提供栖息地；

    舒适性、美观性、市场吸引力。
- 绿色屋顶在北美尚属新领域，但在欧洲却流行已久并经过了长期的验证。

什么是绿色屋顶

　　绿色屋顶，又称为"生态屋顶""有生命的屋顶""种植屋顶"和"植被覆盖的屋顶"，利用植物来提高屋顶的性能，改善外观，或两者兼具。绿色屋顶通常分为两种类型：强化型和粗放型。

　　虽然这些术语没有明确的技术定义，但一般的理解是：强化型绿色屋顶更接近传统意义上的屋顶花园。它们具有更深厚的有机生长基质和土壤，以供各类植物生长，其中通常包括灌木和小乔木。它们通常是可上人屋顶，并被设计成在这栋建筑里生活或工作的人们能够使用的便利设施。

粗放型绿色屋顶的剖面更简单、更轻薄。它们通常是深度约为6英寸（15cm）或更少的质地粗糙、含矿物质的生长基质，而且通常主要种植景天属植物和其他一些生命力顽强、耐旱、低矮的植物，也可能混合色彩丰富的主景植物。这种绿色屋顶在欧洲是一种流行的生态建筑手法。在德国，绿色屋顶非常普遍，其中80%以上都是粗放型绿色屋顶（Philippi，2006）。

绿色屋顶装饰着欧洲的各色建筑。

粗放型绿色屋顶，尤其在大规模安装时，可带来包括雨洪管理在内的一系列效益。

　　本书主要讨论粗放型绿色屋顶，因为我们认为粗放型绿色屋顶不论在经济上还是生态上都会产生巨大的投资回报——因为粗放型绿色屋顶的设计和建造更容易、成本更低廉。如果在城市中大规模建造粗放型绿色屋顶，将会节省大量的能源并带来其他环境效益，无形中将改善城市生活的质量。此外，对于那些正在搜索欧洲以外有关粗放型绿色屋顶的设计、建造和维护信息的人们，以及将这项技术应用于不同气候中的人们而言，可供参考的实用性资源寥寥无几。对更加复杂的屋顶花园感兴趣的读者也许可以在本书中找到一些能为己用的信息，但是更详细的信息应该去查阅那些能经受住时间考验的有针对性的书籍，如奈吉尔·邓尼特和诺埃尔·金斯佰里的《*Planting Green Roofs and Living Wal*》（2008,Timber Press）和西奥多·奥斯芒德森的《*Roof Gardens: History, Design, Construction*》（1999,W.W.Norton）。

黑色的平式屋顶不仅不美观、又热又脏，而且使用寿命短。

绿色屋顶的效益

即便是最普通的粗放型绿色屋顶通常也比传统的柏油或沥青屋顶更加美观，因为大多数传统屋顶的建造并不考虑美观性。绿色屋顶的效益在欧洲已经有了详细记载。越来越多来自北美、亚洲和澳大利亚的数据表明，只要仔细考虑设计意图，根据地区气候和屋顶微气候调整设计方案，妥善安装，并且通过维护延长使用寿命，绿色屋顶在其他地方也能达到同等效果。当然，绿色屋顶在某些气候条件下具有更大的意义（例如沙漠地区，也许会面临特殊的挑战）。

然而，为了克服基于恐惧或未知带来的阻力，还需要对绿色顶进行更多的研究。大量现有的数据都来自条件受控制的小型试验区，而不是建筑上的大型绿色屋顶，因此不能做到随着时间测量和分析其性能。不断的努力是良好的开端，在项目场地中验证的性能将会使绿色屋顶成为可持续建筑的军火库中强有力的武器。

归纳总结绿色屋顶的效益并不是一件容易的事，因为特定场

绿色屋顶在平式屋顶建筑上很容易安装。即便是简单的设计也能兼具吸引力和功能性。

地中的实际效益会受到多种因素的影响。北美地区的气候条件与
西欧相比更加多样化。这里缺乏设计细节和材料的参考标准，而
且大多数项目并未受监测，因此数据不足，很难对性能做出可靠
的预测。

　　绿色屋顶的设计可以使某种效益最大化，但是改善性能可能
要付出其他代价，或者大大增加项目的复杂度和成本。虽然个别
绿色屋顶项目能为业主、居住者或雇员提供一些效益，但在其他
方面，如减少城市热岛效应，却只能通过大规模的实施来实现效
益最大化。然而，不加甄别的倡导者有意或无意地过度宣扬绿色
屋顶的潜在效益，最终只会破坏绿色屋顶在市场上的声誉。

　　请牢记这些忠告，绿色屋顶正逐渐成为实现生态目标的有效
工具。这些潜在的效益包括雨洪管理；延长屋顶防水层的寿命；
降低能源成本；减轻城市热岛效应；为城市野生动物提供栖息
地；增加舒适性、美观性，满足市场需求。

雨洪管理

　　雨水径流会携带污染物。每当下雨时，雨水冲刷传统屋顶、
流经铺砌区域，带着污染物流向河流、小溪和当地其他水体中。
这些雨水径流中的污染物可能包括农场或住宅使用的化肥、除草
剂和杀虫剂，或者道路和能源生产设施产生的油脂，建筑工地、
农田、河滩的沉积物，农田和废弃矿井中的盐分和酸性废水，以
及农场动物、宠物粪便和发生故障的化粪池系统中的营养物和
细菌（美国环境保护署［EPA］，1994）。单就美国而言，每年就
有10万亿加仑（38万亿升）以上未经处理的径流流进自然水体中
（美国环境保护署［EPA］，2004a）。由此产生的污染危害水生
生物，造成昆虫的多样性和鱼类数量锐减（美国流域保护中心，
2003）。同样，人类的用水安全也会受到威胁：雨水径流是导致

合流污水溢流（CSOs）将混有污
染物的雨水排入水体中，其中包
括未经处理的污水。

海滩关闭和细菌含量超标的最主要原因（美国自然资源保护委员会，2008）。

此外，径流还会影响自然水文条件。暴雨期间径流量增加，排水系统流往河流、小溪的水流速度也会引起诸如洪水、输沙量增加、河岸冲蚀的问题。对于强度较小但频繁发生的暴雨导致的

雨水径流污染水质，导致水量和流速增加，河流和小溪水温上升。琳达·麦金太尔摄影。

暴雨过后河流和小溪的水量暴涨使河床受到冲蚀和破坏。琳达·麦金太尔摄影。

径流增加更要特别关注，因为这种情况无法通过常规和传统的雨洪管理措施得到有效解决，常规或传统方法只适用于强度大、不频繁发生的暴雨（Pitt，1999；国家研究委员会，2008）。此外，在炎热的夏季时节，雨水径流会导致河流和小溪的水温升高——温度可升高5℉~12℉（3℃~7℃）——很可能会危害对温度敏感的水生生物的健康（EPA，2004b）。

土地开发也会产生径流。在土地被开发以前，自然系统能够消化雨水径流，因此不存在径流问题。植物的叶片和原状土壤能够吸收雨水，维持植物的生命，补充地下水位。粗糙不平的地表、植物，以及未经过建造的景观等其他特征减缓了地表径流流入河流、小溪、湖泊和池塘的速度。一些植被稀疏、土壤肥力匮乏的地区也有自我处理雨水径流的能力。但是随着越来越多偏远郊区和农村地区的发展，一些路面、建筑以及其他不透水表面的增多，径流量显著增加，管理雨水径流就变得更加紧迫。

近年来，土地开发的速度惊人。从1997年至2001年，美国农村的土地正在以平均每天6000英亩（2400hm^2）的速度被开发

雨水径流对未开发的土地影响很小。它可以渗入未压实的土壤中或缓缓流经粗糙、有植被覆盖的地表，最终流向河流和小溪。

已开发地区的不透水表面,包括屋顶和停车场,都会产生雨水径流。

(美国国家资源保护局,2003)。美国国家海洋和大气管理局的国家地球物理数据中心2004年的一份研究报告中指出,美国本土的非渗透表面面积大致与俄亥俄州的面积相当,略大于草本湿地的覆盖面积(Elvidge et al.,2004)。如果没有多孔表面过滤雨水径流中的泥土和补充地下水,那么本应作为补充性资源的雨水就会变成一个麻烦。

然而,大多数传统的控制手段效果并不好。雨水径流也会使当地的水处理系统超出负荷,因为在许多情况下,淋浴和厕所的生活污水与雨水同用水处理设备。暴雨期间流入的水量可能会超过系统的处理能力,从而导致污水和雨水直接排入当地的湖泊、河流和小溪中。在美国,这些合流污水溢流每年在32个州以及哥伦比亚特区排放约8500亿加仑(3.2万亿升)未经处理的污水和雨水(EPA,2004a)。

污水溢流排放的污水会污染饮用水水源、沙滩和滨水公园、海鲜货源,危害公众健康和环境质量。这种情况最常见于美国东北部和中西部地区,整个美国都时有发生。单就纽约港,每年就从平均460个污水溢流流入超过270亿加仑(1万亿升)的污水和受污染的径流[雨水基础设施问题(SWIM)联盟2008]。在华盛顿的金郡，包括西雅图市，2007年6月至2008年5月期间87个污水溢流的8.15亿加仑（31亿升）污水被排入当地的水体中（金郡自然资源与公园管理部门，2008）。不幸的是，将生活和雨水污水管道系统分开也不能有效地解决水污染的问题。生活污水系统在暴雨期间仍然可能超过负荷并排放污水，美国环境保护署估计这种情况每年大约发生4万次。

　　绿色屋顶能够带来更有效的解决方法。绿色屋顶的雨水径流管理效益已被充分记录并经过研究证实，在北美和欧洲，雨洪管理一直是绿色屋顶工程的推动因素。除最恶劣的暴雨天气以外，绿色屋顶能够使屋顶的径流减至最少，即便还有径流，往往也要比传统屋顶的径流要少。未经收集的雨水在绿色屋顶的径流速度比传统屋顶的径流速度慢，更长的雨水流动时间降低了暴雨时期的洪峰值。被植物吸收和蒸发到空气中的水分不会产生径流。

　　在北美温带地区，如美国东北部、中西部和西北部，即使是生长基质厚度约4英寸（10cm）的较薄的绿色屋顶，也能收集至少一半的年降雨量和暴雨频繁发生的夏季中的大部分雨水。在降雨模式更为极端的地区，如美国西南部的干旱地区和频繁大量降雨的热带地区，绿色屋顶收集的径流的平均百分比会稍高或稍低

左：排水系统向许多城市地区排放污水。汤姆·立普顿（Tom Liptan）摄影。

右：传统的雨水基础设施项目使用管道和输送工具，不仅造价昂贵且具有破坏性，而且往往无法有效地保护水质。

一些（EPA，2009a）。

绿色屋顶可以保持除特大暴雨之外的大部分雨水径流，减少径流的最大流量，减轻污水处理系统的负担。这个曲线图表示俄勒冈州波特兰市一个绿色屋顶的东部和西部的径流量（gpm，每分钟加仑数）。绿色屋顶在降雨最密集时减少了径流的流量，同时保持一部分雨水，以更缓慢稳定的速度排放出去。由蒂姆·库尔茨（Tim Kurtz）作图，波特兰市。

在通过空气或雨水传播污染物的一些地区，绿色屋顶排出的雨水更加干净，这要归功于绿色屋顶植物和基质的过滤效果。绿色屋顶有助于中和酸雨径流。减少径流量和延缓排放速度还能减轻污水处理系统和污水排入水体的负担。绿色屋顶的径流会携带一些高浓度的污染物，如磷、钾、钙和镁，然而这些影响会随屋顶组件的使用年限逐渐减弱（EPA，2009a）。请参见第4章"雨洪控制性能设计"了解更详细的绿色屋顶和雨洪管理信息。

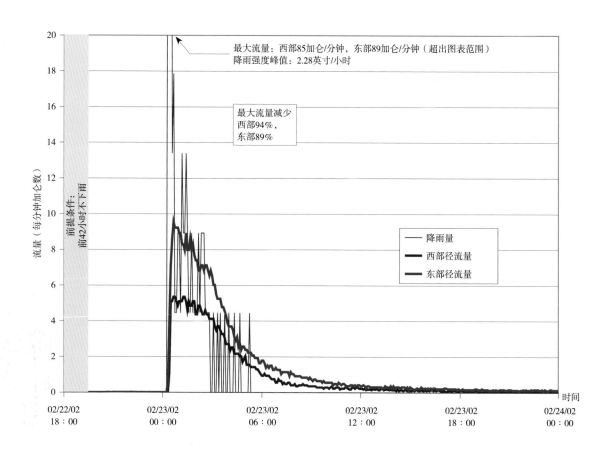

延长屋顶防水层的寿命

如果你曾经试过在炎热的夏天待在屋顶，你一定知道建筑顶部的阳光照射比地面更强烈。绿色屋顶上的植物、生长基质和其他屋顶组件都能起到降温的作用，它们不仅能增加舒适感，还能降低极端温度和紫外线对屋顶防水层的降解效果，从而起到保护作用。

传统的平式屋顶防水膜，如果上面没有安装隔离层或用碎石作隔离保护，往往15～20年后就需要经常更换（Luckett，2009a）。然而，在德国，数十年前建造的绿色屋顶的防水膜都能保持完好无损，而且保守而言，那里的设计师通常都将防水膜的使用寿命设计为至少30～40年。其他的保护方法，如在防水膜上面安装隔离层、在地下建筑结构上方建造景观，也能延长其使用寿命。在俄勒冈州波特兰市，联邦大楼停车场的强化型绿色屋顶的防水层自1975年起至今还完好无损，没有任何渗漏的迹象（美国总务管理局［GSA］，2008b）。虽然现在对北美

这个图表表示一个绿色屋顶、一个反光的白色屋顶和一个未做任何防护的黑色屋顶在2008年6月5日至14日期间的表面温度波动情况。即使在酷热的天气下，绿色屋顶也要比白色屋顶凉爽，比黑色屋顶凉爽更多。由斯图尔特·加芬（Stuart Gaffin）作图。

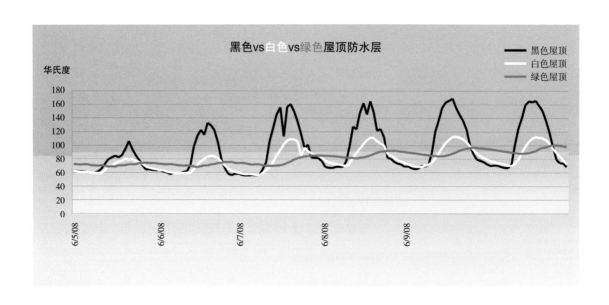

未加保护的屋顶防水层经常遭受恶劣的气候条件、极端温度波动和紫外线的影响。植物有助于保持绿色屋顶组件的完整性，进而起到保护防水层的作用。碎石不稳固，容易受到侵蚀而暴露防水膜。

绿色屋顶构件的使用寿命下结论还为时过早，但现有的使用情况令人乐观。

减少屋顶更换的频率对环境和业主都有利。目前在美国每年约有6百万～9百万吨废弃的屋顶材料被送往垃圾填埋场处理（Cavanaugh，2008）。

降低能源成本

绿色屋顶对抗极端气温的保护作用还能够为业主降低能源成本。这种情况发生的机制比较复杂，因为绿色屋顶是一个动态的系统，有着不同的空气和水分含量、生物量等等。在某些条件下，绿色屋顶可以起到绝缘作用，而在其他条件下，建筑蓄热效果会缩小屋顶上下方的温度梯度从而起到系统吸收的作用，然后再缓慢释放热量。

虽然研究尚处于初期阶段，但已有研究表明，绿色屋顶最显著的效益是在炎热的天气下减少流向建筑内部的热量，从而减少对空调的需求和降低年度能源成本。针对一些年代久远的建筑的早期研究表明，在最寒冷的几个月里，绿色屋顶同样能够降低冬季采暖成本（Bass，2007）。一些案例的反馈也鼓舞人心。例如，位于伊利诺伊州的Aquascape公司，一家花园池塘和水景构件的制造商，在其新的总部大楼上安装了130000平方英尺（12090m²）的绿色屋顶，尽管公司的空间几乎增加了三倍，但公共设施费用却降低了。

　　实际节约的成本会有所不同，这取决于多种因素，包括气候条件、建筑特征——如屋顶与墙壁的比率（比率越高，绿色屋顶的影响越显著，对于一栋较高的建筑，屋顶产生的影响对顶层最

位于伊利诺伊州圣查尔斯的Aquascape公司，总部新安装的绿色屋顶降低了能源费用的支出。

暴露在外的防水膜，即使是反光的白色屋顶，也比有绿色屋顶保护的防水膜降解得更快。汤姆·立普顿（Tom Liptan）摄影。

为显著）、建筑的经营和使用方式，绿色屋顶组件的特性等。单单是能源节约也许并不足以使绿色屋顶在大多数项目中突显优势，但它作为多种效益中的一部分却会使绿色屋顶这个可持续设计工具更具吸引力。

　　而其他降温屋顶技术，尤其是反光的白色屋顶，也能够降低能源成本，但是白色屋顶必须定期清洗，保持高度反光才能达到最佳性能。此外，白色屋顶不像设计合理和维护良好的绿色屋顶那样能够提供全面的效益（Rosenzweig et al., 2006）。白色反光屋顶，通常由单层膜组成，耐用性可能低于绿色屋顶，甚至不如传统屋顶；频繁更换会使白色屋顶的成本更高、可持续性更差（Cavanaugh, 2008）。绿色屋顶的设计工程师查理·米勒说，"论据是，白色的屋顶会逐渐变灰，而绿色屋顶只会越来越好。"

缓解城市热岛效应

　　夏季时城市比郊区和农村更加炎热，因为城市中密集的建筑群和铺砌路面会保存并缓慢释放出太阳辐射，这就是城市热岛效应。改善城市热岛效应不仅是为了更加舒适，更是为了公众的健

种植区域能帮助城市保持凉爽，绿色屋顶也不例外。检测结果表明，在炎热的夏季，绿色屋顶的温度远低于临近的黑色传统屋顶。Joby Carlson摄影，Jay Golden提供，国家智能卓越中心，亚利桑那州立大学。

康安全：研究表明，极端高温是导致美国自然灾害死亡率的主要原因之一，特别对于老年人和病人（Borden & Cutter，2008）。在芝加哥，数百人死于1995年7月的热浪；在法国，14000多人死于2003年8月席卷欧洲的热浪（Larsen，2003）。通过使用空调来应对城市高温不但增加了住宅能源消耗，而且还加重了城市热岛效应（美国能源部，美国能源信息管理局，2009），空调消耗的电能比其他任何家用电器都要多（美国能源部，美国能源信息管理局，2001）。

　　绿色空间，包括公园、种植床和街道树木，由于蒸腾作用（植物叶片释放出水分并蒸发）和树叶的遮荫效果会更加凉爽。

大多数城市的景观建筑都存在大量的平式屋顶区域——例如，在纽约市有超过21,000英亩（8400hm²）（Rosenzweig et al.，2006）——在许多情况下，很容易就能将这些平式屋顶改造为粗放型绿色屋顶。研究表明，在绿化严重不足的城市地区，如果能够广泛安装绿色屋顶，将会对热岛效应产生重大的影响，从而改善公众健康（Rosenzweig et al.，2006）。

为城市野生动物提供栖息地

据说绿色屋顶对昆虫和鸟类具有很强的吸引力，但是由于缺乏数据，目前尚不清楚绿色屋顶对生境破碎化的影响程度。尽管这方面的研究仍处于初期阶段，但来自于已经发展成熟的欧洲绿色屋顶的研究表明，只要进行适当的设计以迎合鸟类和昆虫对食物和栖息地的需求，绿色屋顶就能为保护城市生物多样化发挥重要作用（Brenneisen，2006）。

在英国，粗放型绿色屋顶是伦敦生物多样性合作行动计划的一个关键部分，致力于恢复黑色红尾鸲的数量（Gedge & Kadas，2005）。这种受保护的鸟类喜欢的城市栖息地经常缺乏足够合适的昆虫来维持种群数量。早期的研究成果已经令英国绿色建筑委员会和许多可持续发展的提倡者相信绿色屋顶是恢复城市生物多样化最有效的方法之一（Carus，2009）。

在美国，一些绿色屋顶被设计专门用来吸引濒危的蝴蝶和其他物种。但早期研究发现，即使在一些简约式粗放型绿色屋顶上，生物多样性的水平之高也令人惊讶（Coffman & Waite，2009）。更多与栖息地设计相关的信息，详见第4章"绿色屋顶作为野生动物的栖息地"。关注这项研究并了解这种途径的实践成果，以及栖息地开发项目所属机构和其他负责人为取得成功而参

绿色屋顶为鸟类和其他野生动物提供了栖息地。这些野生动物的栖息驿站在城市中尤为宝贵。

与的维护和必要的持续观察，这将是一件有趣的事。

舒适性、美观性、市场吸引力

凉爽的绿色屋顶在天气炎热时为生活或工作在建筑里的人们
提供了休憩空间，这使之更具价值。尽管简约式粗放型绿色屋顶
并不总是被设计为方便访客参观，但是新建筑上的景天属植物屋
顶，或者旧屋顶的翻新，可以在设计中增加踏脚石和露台（如果
建筑物的承载能力足够的话），这样可以使之成为一个多功能、

即使绿色屋顶只种植了生命力顽
强、容易照顾的多肉植物，也能
为办公楼或公寓楼提供舒适的休
憩空间。

低成本的屋顶花园。在城市中心，即使是简约式绿色屋顶，通常也比传统屋顶更能为在附近高层建筑中生活和工作的人们提供视觉趣味，为城市增添色彩和肌理。

一些研究还表明，绿色建筑在市场上逐渐走俏。商业房地产研究公司的一份2008年的报告中指出，被美国绿色建筑委员会的绿色能源与环境设计（LEED）项目或美国能源部的能源之星项目认证的建筑与相当的传统建筑相比，租金更贵、入住率更高。被认证的建筑，尤其是LEED认证的建筑，每平方英尺的销售价格也更高。这些建筑的业主还提到了认证的营销价值以及节省的运营成本等（Miller et al.，2008）。

也有一些证据表明，人们更喜欢在绿色建筑里工作。持有并出租8000多套房产的美国总务管理局在一份2008年的居住后期跟踪评估中发现，与从全美国商业建筑中抽样评估的人群相比，在可持续建筑中工作的人群中平均27%以上比他们的同行更满意他们的工作环境。然而，对于通过LEED金牌认证的最环保的建筑，人们的满意度更高。这些居住者中有34%的人对自己的工作环境更满意（GSA，2008b）。

绿色屋顶简史

屋顶花园在北美早已家喻户晓，但是粗放型绿色屋顶却来源于欧洲。在德国，粗放型绿色屋顶的历史更长。20世纪60年代的研究使绿色屋顶在20世纪70年代初期开始形成了一个可行的市场。在20世纪80年代，粗放型绿色屋顶技术的调整满足了更轻、造价更低的屋顶系统需求，并且可以大范围实施，以满足人口密集的城市对更有效的雨洪管理日益增长的迫切需求。现今德国的绿色屋顶覆盖水平每年增加约1.45亿平方英尺（1350万m^2）（Oberdorfer et al.，2007）。

　　绿色屋顶的使用寿命长——许多最古老的德国屋顶目前仍然完好无损，越来越多的证据表明，绿色屋顶的环境效益使它们在欧洲成为受欢迎的选择。这些环境效益足够令欧洲各国政府信服，在政府津贴、激励措施和政策实施到位的情况下，绿色屋顶的使用范围已经显著地扩大了。

　　在美国，这样的政策一直很难在联邦政府级别中实行。绿色屋顶行业，包括一系列的专业人员，从屋顶维修人员到设计师，都不能形成强有力的游说团体，因此没有真正的推动力，不像可再生能源，如风能和太阳能的政策那样能够在国家级别上实行。

绿色屋顶在德国、瑞士和其他欧洲国家中很常见。

由美国联邦政府所有或管理的很多建筑，包括华盛顿特区的交通部在内，都安装了绿色屋顶。

但是当地的激励措施在北美越来越受欢迎。此外，在净水法案和当地法规下颁布的更严格的雨洪管理法规，最终可能会使绿色屋顶像现在的蓄洪水库一样普遍。

除了激励措施之外，美国联邦政府正在引导绿色屋顶的发展，尽管反响平平。现在，许多机构鼓励、甚至要求新建筑符合为绿色屋顶加分的LEED标准［U.S. Green Buliding Council（USGBC），2009］。EPA美国环保署已经为包括绿色屋顶在内的环保开发项目提供了支持，并在它的一些建筑上安装了绿色屋顶，包括设在丹佛的8区总部以及政府机构在华盛顿特区总部的示范项目。

在2007年能源自主及安全法案通过后，可能会有更多的政府绿色屋顶项目随之启动（P.L.110–140）。这项法案的第438章中提高了雨洪管理要求，规定联邦政府府邸要有5000平方英尺（465m²）以上面积的绿色屋顶，要求通过场地规划、设计、施工和维护策略，在技术上最大限度地维护或修复水文。EPA美国环保署已经对这条规定做出解释，要求场地设计必须符合以下两种方法之一：一种做法是通过渗透、蒸发、吸收和重新利用降雨来阻止除特大暴雨外的所有雨水径流；另一种是在项目设计和建造时考虑保持雨水径流的流速、流量、持续时间和温度（EPA，2009b）。第438章有希望验证包括绿色屋顶在内的绿色建筑技术，在全国范围内，通过州政府、地方政府和民营企业加速绿色建筑技术的推广（Weinstein & Kloss，2009）。

北美的一些州政府和地方政府还为其辖区制定了推广使用绿色屋顶和其他可持续设计技术的激励措施。2009年多伦多通过立法要求某些新的建设项目中使用绿色屋顶。

鉴于如此之多的激励政策，为什么绿色屋顶在北美没有被广泛应用呢？尽管绿色屋顶的数量近年来大幅增加，但绿色屋顶在总的屋顶数量中却只占一小部分。其中原因包括绿色屋顶较为新颖、成本问题、材料来源和专业技术问题。

创新性

屋顶种植，与传统的屋顶花园完全不同，对于一些人来说这是难以理解的事。毕竟植物的存活需要水，而屋顶的功能就是阻止水流进建筑。随着大众对屋顶的构思逐渐变得复杂，安装了太阳能电板、风力涡轮机和其他设备的屋顶，以及绿色屋顶、多功能屋顶也会逐渐变得更普遍。

当珍妮特·斯图尔特（Jeanette Stewart）提出用绿色屋顶取代已经老化的弗吉尼亚州瀑布教堂共管社区的传统屋顶时，其中最大的困难就是要说服她的邻居。一些居民担心绿色屋顶可

弗吉尼亚州约克城广场公寓的居民起初对在他们的建筑上安装绿色屋顶的提议持怀疑态度。但是现在绿色屋顶令他们感到骄傲，同时也增加了建筑的价值。琳达·麦金太尔摄影。

能倒塌，会危及家人的安全。于是他们组织了请愿活动，绿色屋顶最终被安装在这个建筑群的另一幢建筑上。斯图尔特说，从那时起至少有了一个买方根据其位置选择了绿色屋顶建筑单元。

当查理·米勒在1998年建造他的第一个绿色屋顶时，粗放型绿色屋顶（与复杂精致的屋顶花园相反）在北美几乎还无人知晓。但作为雨洪工程师的米勒已经从他的德国同事那里了解到了绿色屋顶，并在他女儿当时就读的费城击剑学院的楼顶上试验了这项技术。那里的居民熟悉这项技术，他们中的一位是在欧洲长大的。

现在，这个简单的3000平方英尺（280m²）的项目已经经历了十年风霜。原来种植的景天属植物中已经长出了一些杂草，2.75英寸（6.9cm）厚的生长基质也向周围扩散了一些，导致厚薄不均，但是这个绿色屋顶仍然具有吸引力，而且功能良

费城击剑学院是北美最早的粗放型绿色屋顶所在地之一。图片由Roofscapes友情提供。

好。由于是低维护设计，多年来投入的维护极少，所以它在不断地变化。

成本

绿色屋顶的造价高于简单的传统屋顶。为此，绿色屋顶的倡导者用绿色屋顶可以延长屋顶使用寿命来解释多出的费用。然而，这种计算方式也必须考虑到延长使用寿命后所需的维护费用。比起传统屋顶，即使是粗放型绿色屋顶的成本通常也稍高一些，需要的劳动力也更多。

但是绿色屋顶不仅仅是一种阻止水流进建筑的方法。它还可以抵消建筑项目中其他的工程成本，如雨水截流系统。很多人都认为，从公众和个人的整体效益来看，绿色屋顶多出的成本是合理的。激励措施可以将这些效益量化和货币化。随着北

不同绿色屋顶的安装价格可能会有很大差异。这个位于芝加哥的大型粗放型绿色屋顶，在当地行业竞争激烈的情况下，安装费约为7美元每平方英尺（约0.1 m²）。但即使是这种简单的项目所需的成本也高的惊人。

美绿色屋顶行业的发展、供应商的增多和竞争，成本造价很有可能会降低（Philippi，2006）。但是现在，粗放型绿色屋顶通常被认为是高端产品，定价也相对较高，这令许多业内人士感到困惑与沮丧。在某些情况下，粗放型绿色屋顶的安装成本比精致的屋顶花园更高。因此，业主们应该货比三家，选择能提供更经济时尚方案的设计师和安装商。更多关于绿色屋顶的市场动态请见第3章。

材料来源和专业知识

早在2000年，当Dansko鞋业公司的创始人彼得·吉勒普（Peter Kjellerup）想在宾夕法尼亚州建造一个新的总部，并使用

Dansko总部的绿色屋顶已经成为公司可持续战略发展的成功要素。

绿色屋顶和其他可持续设计时，他和同事们很难找到专业人士来帮忙，也没有合适的材料。幸运的是，吉勒普通过自己的研究以及区域绿色建筑委员会的资源，最终组建了一支具有"真正学习欲望"的项目团队。

"现在完全不同了，"他说，绿色建筑景观"现在比刚建成时更加可行。价格也更低，在能源成本更高的情况下更容易看到它的回报。"

2002年在俄勒冈州波特兰市，Gerding Edlen Development公司与当地其他公司合作，着手设计位于珍珠区的一个综合项目的绿色屋顶。当时，项目团队中没有人具备绿色屋顶的设计经验，也很难找到合适的材料，项目团队依靠的波特兰技术援助计划也尚处于初期阶段。所以不难想象，团队的第一次尝试困难重重。

补救措施解决不了问题，最终这个团队吸取了第一次的经验教训，从头开始，重新设计整个安装过程并邀请当地经验丰富的园艺师一起合作。从那时起Gerding Edlen公司继续在项目中使用绿色屋顶，合伙人丹尼斯·王尔德（Dennis Wilde）说，多种原因促使成功得以实现：更容易找到合适的生长基质；总承包商对材料的交期和安装过程的管理有了更多经验；当地的景观建筑师了解了什么能够更好地适应波特兰冬季潮湿、夏季干燥的气候；当地的设计团队也提高了专业水平，因此不会轻易受到产品推销商的影响；公司还与当地的景观公司合作共同

位于俄勒冈州波特兰市珍珠区的这个绿色屋顶是项目团队学习过程的一部分。它现在不但具有吸引力，并且功能良好。

研发更好的维护方法。

考虑在其他地方建造绿色屋顶的设计师、建筑师和业主们可能会赞同这些评价，但是绿色屋顶的逐渐走俏、行业标准和安装后性能评估的缺失使绿色屋顶市场有些混乱，这在业主和客户不熟悉这项技术的情况下尤为明显。同时也没有如消费者报告之类的参考资料能够帮助协调设计师、安装商和制造商之间的矛盾意见。但是在设计过程的初期阶段，掌握基本信息能够帮助你在众多的方法和矛盾中找到方向。另一个有效的方法是要仔细选择有经验的项目团队。有关北美绿色屋顶的现状和前景更详细的信息，请参见第3章。

绿色屋顶会继续小众化，还是会逐渐普及

在建设热潮和城市基础设施危机初现的背景下，近来激增的绿色建筑和市场宣传把绿色屋顶推到了聚光灯下。这种关注突显了绿色屋顶设计与安装相关的困难及优势。一些项目的建造没有足够的经验，也缺乏对绿色屋顶特殊要求的关注，在某些情况下，对LEED认证或其他生态环保证书的一味追求反而不利于感性设计。

现在北美有成百上千的绿色屋顶，这些项目（不论成功还是失败）都为绿色屋顶设计、建造和维护的爱好者提供了最好的教程。如果你正在考虑绿色屋顶项目，不论是作为客户还是设计师，最好尽可能多观察并了解一些绿色屋顶，这样你才能为你自己的项目做出明智的选择。不要以为你在某个网站、杂志或颁奖典礼上看到的照片就能代表绿色屋顶在所有的季节或没有定期维护时的样子。

即使考虑到多种潜在效益，但建造绿色屋顶并不是轻易就能做出的决定，也不能事后再去考虑。在设计和安装方面，成

虽然绿色屋顶让我们看到了希望，但许多潜在的效益只能在大范围实施下才能奏效。在北美，我们还有很长的路要走。

功的绿色屋顶是多学科合作的结果，绿色屋顶是一个生命系统，它不仅仅是建筑的一部分。作为客户，维护绿色屋顶的繁茂是一个长期的承诺，尽管这项工作在适当的定期维护下并不困难。在项目的初期阶段正视挑战和回报将会大大地增加成功的概率。

装配式绿色屋顶，包括防水层
上面的所有组件，称为覆盖层。

第2章 绿色屋顶组件分解

要点

- 成功的绿色屋顶要求生长基质和植物的选择适合场地条件，实现项目的设计意图，在适当的维护下能够长期健康生长。
- 关注常规的屋顶问题，包括结构承载、防水和排水，也是绿色屋顶设计中不可忽略的一部分。

　　绿色屋顶组件包括园艺部分以及传统屋顶相关的部分。后者和前者一样重要——一个漏水的绿色屋顶就算植物健康生长也是失败的项目。

　　在屋顶的术语集里，防水层上面的整个绿色屋顶组件都被称为覆盖层。绿色屋顶最基本的绿色部分是生长基质和植物。屋顶板与防水层能确保建筑结构的完整性。除了在任何屋顶系统中都不可或缺的主、次溢流排水管以外，几乎每个绿色屋顶都有某种排水层［美国屋顶承包商协会（NRCA）2009］。其他的构造层

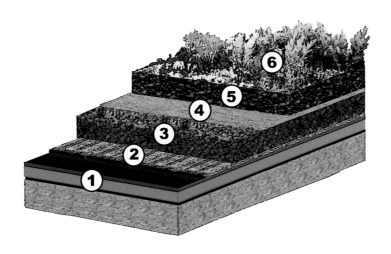

绿色屋顶组件的每一个构造层都起着重要的作用：

1. 屋顶板、隔热、防水
2. 保护层及贮水层
3. 排水层
4. 根系可渗透的过滤层
5. 粗放型生长基质
6. 种植和绿化

图片来自Green Roof Service LLC公司

会有所不同。合成薄板或纤维织物可以用于阻止细小颗粒进入排水层和保持更多水分，或者防止植物的根系损坏防水层。可生物降解的防护网或覆盖层可以在安装完工后即刻起到防止侵蚀的作用。不要将隔离层安装在屋顶板下面，可以安装在防水层上面。

　　绿色屋顶组件的特性取决于项目的要求和目标、构件的性能，以及它们组合在一起作为一个工程系统时能够达到的最佳性能。不应该从其他项目中照搬照抄绿色屋顶组件的设计和技术规格。

绿色屋顶有生命的部分：生长基质

　　生长基质对于屋顶上的植物而言就像是土壤对于花园中的植物一样，就连许多业内人士也直接称它为"土壤"。然而，大多数粗放型绿色屋顶所用的生长基质与花园或田间的土壤截然不同。生长基质的质感粗糙、较硬，也不是土质。生长基质在潮湿时不会变得泥泞或黏稠。跟一般由沙子、粉土和黏土组成的土壤颗粒相比，生长基质的颗粒会大很多，而且质地更像岩石。

　　在绿色屋顶较为普遍的国家里，如德国，生长基质这类材料在投入市场前必须通过权威部门的全面检验。这是由于德国土地面积相对较小，气候条件比较稳定，所以对材料特性和性能的变化要求不高。

　　但在土地面积庞大、形成时间较短、行业信息匮乏的北美绿色屋顶文化中，调和不同供应商和制造商相互矛盾的意见更加困难。习惯于地坪工作的设计师和园艺师可能并不熟悉绿色屋顶的植物以及它们对种植环境的要求。由于与田间土壤的特性差别较大，为绿色屋顶指定合适的生长基质并不容易。

绿色屋顶的生长基质与一般的土壤作用相似，但它由矿料组成，有机物质含量很少。

绿色屋顶生长基质、田间土壤和苗圃基质的特性对比。

绿色屋顶生长基质	田间土壤	苗圃基质
质地轻、压缩系数最低	质地过重	压缩系数高、不稳定
结构稳定	细小颗粒会移动	养分滞留
能长期保持良好的性能与渗透性	能否长期保持渗透性的问题	能否长期保持渗透性的问题

表格来自Roofscapes公司

　　在所有的绿色屋顶项目中，生长基质的特性和深度都是由设计意图和场地条件决定的。例如，强化型屋顶花园主要种植多年生植物、灌木以及乔木。而粗放型绿色屋顶却通常种植耐寒的多肉植物。相比之下，强化型屋顶花园对土壤和其他构件的要求与粗放型绿色屋顶全然不同，它们需要有更深的生长基质以容纳植物的根系。但一般而言，生长基质应该具备以下几点特性：排水和通风性能良好且稳定，能够保持植物所需的水分，能通过阳离子交换能力使养分被植物根系吸收，防腐抗压，重量轻，物理和化学稳定性良好（Friedrich，2005）。虽然无法完全避免生长基质中混入杂草种子，但应尽量小心，因为杂草会在植物定植前快速占领刚刚完成种植的绿色屋顶。

不同的材料，不一样的碳足迹

粗放型绿色屋顶主要种植耐寒的多肉植物，它使用的生长基质中通常至少有百分之八十由粗糙、轻质的矿料构成。这些矿料有些用于添加到水泥中减轻混凝土的重量，它们在生长基质不大幅增重的前提下形成了结构、稳定性和使用寿命的基础。常用的矿料包括膨胀黏土、页岩、板岩（在窑里高温加热直至它们膨胀成为一种轻质、形似爆米花，却仍然保留高强度和高密度的状态）或是类似浮石的火山材料。这些材料都由类似海绵形状的颗粒构成；它们的孔隙有保存空气和有机物质，增大表面积，放缓水流的作用。

绿色屋顶生长基质的选择有时会因地域而异。例如，浮石在太平洋西北地区很容易找到，因为那里靠近喀斯喀特山脉的火山。同样，东海岸地区也普遍使用浮石，因为人们经常会从希腊和冰岛那里海运。浮石的质地轻〔脱水时每立方英尺

可以把膨胀材料与火山材料掺在一起制作生长基质，以取两者的优点。

约40磅（640.7kg/m³），饱和时约47磅（752.9kg）；Friedrich，2005］、持久耐用、易加工、加工能耗低。但是如果与海岸的距离遥远，运输成本会使它的价格比膨胀材料高很多，而且还会增加它的碳足迹。

有研究表明，膨胀黏土相比膨胀页岩有更强的持水能力和阳离子交换能力，因此更适用于没有灌溉系统的粗放型绿色屋顶，而膨胀页岩更适合多雨，特别是酸雨活动频繁的地区（EPA，2009a）。然而，追求使用高度可持续材料的设计师应该注意到膨胀骨料的生产和长途运输会耗费很多能源。而且膨胀骨料也比火山材料更重：脱水膨胀黏土每立方英尺约重40磅（640.7kg/m³），饱和时约54磅（865.0kg），而脱水膨胀页岩每立方英尺约重44磅（每立方米704.8kg），饱和时约58磅（929.1kg）（Friedrich，2005）。不论对于承载力有限的改造项目而言，还是对于强化结构会耗费许多资金和资源的新工程而言，无疑都会降低这些骨料的适用性。

一些绿色屋顶采用珍珠岩或泡沫塑料等超轻材料来控制整体结构的重量，但是这些材料的抗压强度不足以长期支撑整体结构，而且重量过轻很容易被风吹落屋顶（Beattie & Berghage，2004）。有时绿色屋顶生长基质的混合物中还有沙子，但沙子重量大，脱水时通常每立方英尺重90磅（1441.6kg/m³），潮湿时130磅（2082.4kg/m³），而且几乎无法贮存植物所需的养分（Friedrich，2005）。若一定要在粗放型绿色屋顶上使用沙子，需谨慎考虑用量。

利用可供参考的基准选择合适的混合成分

关于选择和指定生长基质，可供参考的标准多数都并非源自北美。美国材料试验协会ASTM（以前被称为American Society for

Testing and Materials）成立了绿色屋顶专案组，近期发布的五种测试方法为人们提供了一些指导。这些包括E2399，恒载分析最大介质密度的标准实验方法，同样也被用于测试生长基质的持水能力和渗透性（Roofscapes）。

业内最全面的指南是由德国景观研究、开发和建筑协会（Forschungsgesellschaft Landschaftsentwicklung Landschaftsbau，FLL）发布的。这个指南有英文译本，其内容也在不断更新，它涵盖了绿色屋顶的规划、施工以及维护。这些内容是获得技术信息的宝贵资源，是评估绿色屋顶材料和安装的参考，里面的信息也清晰易懂。

指南中的"植被覆盖过程"部分对生长基质进行了讨论。其中涵盖了有关颗粒分布、有机物质含量，以及其他特性等实用信息。而且给出的建议灵活度很高，足以满足不同地域的多种设计意图，为生长基质的选择提供了一个良好的起点。

市场上有许多来自北美的生长基质都符合FLL标准。如需确定你指定的生长基质是否符合你的要求，或要确认商家的生长基质是否与产品描述一致，许多实验室都能提供检测服务，包括检测基质的物理性质（密度、充气孔隙度、持水能力、导水率、颗粒分布）和化学性质（有机成分、酸碱度、可溶性盐类、营养成分）。绿色屋顶生长基质的颗粒较大且矿物特性多，检测方法与一般土壤不同，所以检测服务也不是非常普遍。FLL已经研发了一套具有针对性的检测方法（例如用击锤测试基质的压缩性）。在写这本书的时候，只有美国宾夕法尼亚州立大学采用了FLL整套检测方法与ASTM标准（宾夕法尼亚州立大学农业分析实验室）。

许多有经验的北美绿色屋顶设计师与安装商使用了市售FLL认证的生长基质都非常成功。但是生长基质的选择应该尽可能考虑到地域因素和植物配置的设计。这可能需要在设计说明书中对基准稍做调整。

例如，在美国东部，酸雨会降低生长基质的pH值以致植物难以吸收养分。在这种情况下，生长基质的化学稳定性则尤为重要。此外，罗伯特·博格阿格（Robert Berghage）认为，FLL标准往往会高估基质颗粒的充气孔隙度。FLL标准可以接受一定程度的细小颗粒，这可能会给一些多雨的地方〔年降雨量大于约50英寸（125cm）〕带来问题。在这些地方，FLL认证的生长基质会持水过多，导致绿色屋顶的重量增加，很可能会为杂草提供舒适的生长环境。

然而，有些人遇到的问题却恰恰相反。从美国明尼苏达州北部到沙漠地区，景观建筑师杰弗里·布鲁斯（Jeffrey Bruce）参与的项目遍布在不同的气候条件下。他发现FLL认证的生长基质太过干燥且粒度太细。布鲁斯通常会为他的项目配制生长基质，这是达到最佳性能的理想方法，但对于规模较小的项目或单纯为了符合雨水法规而建的绿色屋顶而言，这种方法往往不切实际。

就连FLL指南本身也明确指出应根据地域环境和特殊条件做出适当调整。在缺乏可靠参考点的市场里，任何一套经过实验室和项目场地数十年双重检验的参考标准都是无价之宝，即使并不是其中所有细节都能直接应用到每个项目中。"FLL指南最大的优点是它将明确的参考值与精确的测试方法和程序结合在一起，从而保证了测试结果的一致性，"绿色屋顶咨询师彼得·斐利比（Peter Philippi）说。"但是绿色屋顶系统，特别是对于植物的选择，必须适合当地的气候条件。否则即使所有构件都符合FLL标准，项目也有可能失败。然而，遵循FLL标准还是可以消除许多导致失败的潜在因素。"

以高标准选择供应商

供应商出售的强化型和粗放型绿色屋顶的生长基质通常都是参照FLL标准调配的。有时他们也可以提供定制服务以达到指定的性能要求。

如果设计师和安装商需要品质优良、始终如一的绿色屋顶生长基质，就应该与供应商建立起良好的关系，包括至少做一次实地考察。保管不当或没有妥善处理的生长基质会受到污染。尽职的供应商会保持场地的卫生，确保没有杂草或其他种子吹到生长基质中。在运输和安装过程中，他们也会针对杂草种子做好预防措施。你也可以要求供应商做一次杂草发芽试验。

供应商还要确保生长基质里面的堆肥已经过长时间处理，不会再混有杂草种子或化学污染物。没有完全分解的堆肥会消耗氮和氧，与植物争夺养分，导致植物受损或死亡（Friedrich，2005）。应该将美国堆肥协会的测试方案作为标准（Luckett，2009a）。

尽职的供应商会清理储藏场地，确保没有杂草或其他种子吹到生长基质中。

虽然大多数优质基质混合物都会另附详细的产品性能说明，但还是应该谨慎调查。"考察供应商的其他绿色屋顶项目质量如何，与他们的客户谈一谈，"杰弗里·布鲁斯（Jeffrey Bruce）说。"探讨一下生长基质的成分、容重和渗透率。在场地中收集一份土壤样本送到实验室。"布鲁斯说他和同事们通常都会这样做，而且经常发现产品与描述不符。可靠的产品性能数据对剖面较薄的粗放型绿色屋顶尤为重要，他还说："你越是走极端，项目失败的概率就越大。"

生长基质并不是越深越好

生长基质的深度取决于许多因素，包括植物配置、降雨类型、地域干燥度和对雨水性能的要求等。在德国，3英寸（7.5cm）的颗粒材料（包括生长基质和排水骨料）就足够满足植物的生长需求，又不会给杂草太多的生长空间。3~4英寸（7.5~10cm）深的生长基质非常适用于大西洋中部、新英格兰和五大湖地区的粗放型绿色屋顶，而更加炎热干燥的地区通常需要至少6英寸（15cm）的生长基质才能够满足植物所需（Miller，2008）。在非常炎热干燥的地区，如美国西南部，需要至少8~12英寸（20~30cm）的深度，并且可能还需要一层表面覆盖层（Lenart，2009）。

然而，生长基质并不是越深越好，即使从雨水性能方面考虑也是如此。3~4英寸（7.5~10cm）深的生长基质通常能在夏季暴雨时处理80%的降雨量；更深一些的基质可能会带来更多效益，但是超过这个临界点性价比就不高了。

如果生长基质更深的话，甚至会达不到预期的效益目标；在西雅图的五个绿色屋顶测试区为期18个月的研究中发现，当生长基质为8英寸（20cm）深时，收集到的雨水不能迅速蒸发，绿色屋顶系统无法在下次暴雨来临前充分干燥，从而削弱了其作为雨洪管理工具的性能（Gangnes，2007）。关于基质深度对植物健康和雨洪管理的影响，请参见第4章了解更多信息。

节约使用有机物质

这样说似乎有悖于园艺中的一些逻辑，但事实上大多数粗放型绿色屋顶的基质中有机物质的含量不应该过高。虽然有机物质中包含具有锁水和阳离子交换能力的物质，但它们会迅速分解，因此对排水性能造成潜在的威胁（Friedrich，2005）。在夏季和晚秋，粗放型绿色屋顶的生长基质中有机物含量通常不应超过基质总量的20%，春季时只要10%就能满足植物的需求。在植物收获和成熟时节，健康稳定的绿色屋顶系统通常包含2%～5%的有机物质（Beattie & Berghage，2004）。

优质的绿色屋顶基质混合物应该有可靠且稳定的堆肥来源。可用于堆肥的材料包括落叶、动物粪便、污水泥垢、蚯蚓粪便和菌菇类等。其中污水泥垢应该谨慎使用，因为它的颗粒分布没有

用于堆肥的原料实际上是田间带有菌菇的生长基质与其他一些原料的混合物。

孔隙度而且含有重金属和病原体（Friedrich，2005）。不同物质的养分含量和分解速度不同。分解速度过快会威胁到绿色屋顶系统的稳定，可能会导致整体失去孔隙度。生长基质的孔隙度应该保持5年直至植物成熟。可以将美国堆肥委员会提供的测试项目和方法作为指导（美国堆肥委员会）。

应该确保生长基质混合物中的有机物质没有残留农药等污染物。与田土和花园土不同，在有机物较少的生长基质中，污染物的破坏力会很大。客户可以要求供应商提供相关证明。一些设计师和安装商使用混合了根瘤菌的基质来促进系统的建立，但是研究表明微生物群会自我建立，所以根瘤菌最多只是一种助推剂。

在绿色屋顶建成初期，通常径流中某些养分的浓度较高。这可能是因为基质里含有有机物质造成的，这种情况在新建成的景观中很常见。这些高浓聚物会在靠近排水管的铺装区域留下铁锈色的腐植酸污渍。但是这对水质的影响极小，因为总的径流量很少，而且随着绿色屋顶系统逐渐稳定，浓聚物最终会完全消失（EPA，2009a）。一旦植物的根系在基质中蔓延开来，腐植酸就会被吸收。

劣质的基质混合物危害绿色屋顶的健康。

订购和具体说明

生长基质订购量的计算方法为：基质深度（英寸）乘以屋顶面积（平方英尺），再除以324，得出立方码。考虑到基质会沉降和压实，一些设计师建议订购量应该多出10%～20%（Rooflite绿色屋顶基质公司，未注明日期）。以下例子可以作为参考标准（样品说明由Roofscapes公司提供）：

A. 粗放型绿色屋顶生长基质是矿物质和有机成分的混合物，需满足以下要求：

持水量最大时，非毛孔管孔隙空间（ASTM-E2399）≥10%

最大持水量（ASTM-E2399）≥10%

最大持水量时的密度（ASTM-E2399）≤75磅 / 立方英尺（1200kg /m³）

饱和导水率（ASTM-E2399）0.10～1.0英寸（0.25～2.5cm）/ 分钟

碱性，碳酸钙等同物（MSA）2.5%

总有机物，燃失法（MSA）4%～10%（干重）

可溶性酸碱值（RCSTP）pH6.5～8.0

盐分（DPTA 饱和膏提取；RCSTP）≤6毫姆欧 / cm

有机添加物（堆肥、泥炭土等）总呼吸率（TMECC 05.08,B）≤每天每克总有机物1mg CO_2

阳离子交换容量（MSA）≥10毫当量 / g

矿物粒组的粒度分布（ASTM-D422）

黏土粒组（2μm）≤2%

经过US#200过滤器（粉粒粒组）≤5%

经过US#60过滤器≤10%

经过US#18过滤器≤5%～50%

经过1/8英寸过滤器30%～80%

经过3/8英寸过滤器75% ~ 100%

总氮含量，TKN（MSA）百万分之25 ~ 100

磷含量，P_2O_5（Mehlich III）百万分之20 ~ 200

钾含量，K_2O（Mehlich III）≥百万分之150

在最初配制基质成分时，还应按照种植需求添加其他常量
和微量营养素。

B. 生长基质应该用批处理设施彻底搅拌。需要保持水分，避
免安装时基质太过松散和尘土飞扬。每100立方码（76.5m³）
都应提取一份质量控制样品。这些样品应储存在一个2加仑
（7.6L）的不透水密封容器里，并由承包商保管，以备业主
来访时检查。

绿色屋顶有生命的部分：植物

植物是绿色屋顶的主角，这不仅是因为它们看起来漂亮。
研究显示，与同等的碎石屋顶相比，繁茂的绿色屋顶可以提供
更出众的雨水保持作用（EPA，2009a）。植物的快速定植和长
期存活是项目成功的关键。但须谨记，屋顶环境与地坪花园完
全不同。高温、日光、风等胁迫因素在屋顶上更强烈，地坪上
很重要的土壤质量（如高含量的有机物）在屋顶上却并不受欢
迎（生长基质中有机物质过多会促进杂草生长，使植物遭到破
坏、数量减少）。在这种环境下，许多植物都无法生存，更不
用说枝叶繁茂了。

绿色屋顶的植物必须将生长基质与根系紧紧结合在一起，以
便时刻抵御强风侵袭，并且为绿色屋顶系统提供横向连续性，提
高它的功能和效益。植物不仅要把基质中的水分蒸发到空气中，
同时还要保证在基质干燥的季节中能够存活。它要有足够大的叶
片为基质遮荫，防止杂草发芽。它的生命周期要长，这样才能节

省不必要的置换费用，也会更环保。最重要的是，它应该满足客户或者社区的要求，能够储水、排水、降温，给传粉昆虫提供食物和栖息地，以及美化环境。

成功的绿色屋顶植物通常包含以下特性：容易定植、横向根系较浅、养分摄取和维修要求低、抗虫和抗病能力强、非风送播种、成熟时重量轻。这些特性大多都能在耐寒的多肉植物中找到，包括景天属（Sedum）、长生草属（Sempervivum）、土人参属

景天属等生命力顽强的绿色屋顶植物通常能够在逆境中存活。这种生长基质含有过量的细小颗粒；大多种植物种类在这种条件下都无法存活。

其他生命力顽强的植物，如仙人掌属植物，也是绿色屋顶环境的不错选择。

（Talinum）、长生草亚属（Jovibarba）和露子花属（Delosperma），它们的叶片都能有效地储水。一些仙人掌属植物，也是绿色屋顶的不错选择。

不要轻视景天属植物

在这些植物属中，最普遍用于绿色屋顶的是适应能力强的景天属植物。事实上，"景天属植物"已经成为粗放型绿色屋顶植物的代名词。然而，有些设计师并不了解景天属植物的生理机能和多样性，不考虑气候条件或设计意图就盲目地为绿色屋顶指定景天属植物。更有甚者还将"景天属屋顶"或"景天属单种栽培"用作贬义，认为这样的绿色屋顶缺乏生物多样性和生态效益。这种理解从园艺学的角度上看是错误的："单种栽培"这个术语指的是在广阔的地域范围内只种植一种植物品种，而且并非精确到植物的属。

景天属有400多个种类、上千种变化，广泛分布在北半球的各个地区。其中有一年生植物，如景天草（*Sedum pulchellum*），也有多年生植物，如假景天（*Sedum spurium*）。许多蝴蝶品种，例如大西洋赤蛱蝶（*Vanessa atalanta*）、小红蛱蝶（*Vanessa cardui*）、福布绢蝶（*Parnassius phoebus*），都会寄住在花蔓草（*Sedum spathulifolium*）中。设计师和其他绿色屋顶植物顾问必须清楚了解植物的特性，以及这些特性和项目目标、场地条件之间的联系。

景天属植物成为绿色屋顶的首选，因为这种植物比其他植物属更能适应各种不同的气候条件。它们能够在干旱时节调节代谢率，当水分充足时再恢复如初。当其他植物都濒临死亡时，它们却能够依靠这种生存技巧得以存活。在夏季，粗放型绿色屋顶上的植物一般会在三到六天内耗尽灌溉或雨水。屋顶系统里剩余的水分会被基质牢牢锁住。这时，如果没有再补充水分，植物就会进入一种抗旱生存模式。景天属等耐寒的多肉植物会停止白天的蒸腾，有效地保存植物组织内的水分，而大多数草本植物则会减小叶片的表面积，枯萎，不久后便会死亡。即使是进入休眠状态的植物，如一些禾本科，也需要很长时间重新生长，它们会产生

白花景天（*Sedum album*）

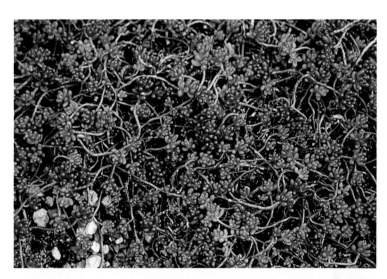

白花景天亚种"壁画"（*Murale*）

很多干粉物质，不但影响美观，在一些地方还会成为火灾隐患。
当然，适合的草本植物也可以用于绿色屋顶。不过设计师和业主
必须清楚，这些植物需要投入的精力和维护成本通常比多肉植物
高。

堪察加景天（*Sedum kamtschaticum*）

堪察加景天变种多花"金唯森"
（*Weihenstephaner gold*）

白花景天（*Sedumalbum*）、白花景天亚种"壁画"（*Murale*）、堪察加景天（*Sedum kamtschaticum*）、堪察加景天变种多花"金唯森"（*Weihenstephaner Gold*）、六棱景天（*Sedum sexangulare*）和假景天"福尔达燃烧"（*Sedum spurium* '*Fuldaglut*'）都是被认可的常用品种，它们生命力顽强、持久，能很好地适应绿色屋顶的种植环境。

六棱景天（*Sedum sexangulare*）

假景天"福尔达燃烧"（'*Fuldaglut*'）

用非多肉植物增加美观性

　　一年生植物、多年生植物、禾本科、鳞茎植物都可以用于粗放型绿色屋顶。一年生植物通常用种子种植，它们可以快速为绿色屋顶增添色彩，填补裸露点，控制杂草生长。在主要种植耐寒多肉植物的屋顶上，可以将多年生和禾本科植物栽种在受保护区域或地势较高的区域，这样可以增添色彩和层次。鳞茎植物在早春时节也会带来不一样的色彩。

　　绿色屋顶项目的植物选择应该遵循设计意图，考虑到美观性和功能性、预算和维护、可达性和使用频率，以及场地的大气候和微气候。详见第4章的"绿色屋顶作为休憩空间"，了解更多关于绿色屋顶植物配置的信息。

　　虽然园艺师使用的耐寒、耐热区位图可以为植物选择提供大致的指导方向，但因屋顶条件和微气候不同，所以这些指南的实际帮助有限。由于建筑受到阳光、风力、保温和隔热效果等

这些小型鳞茎植物在许多粗放型绿色屋顶上都取得了成功：

纸花葱（*Allium neapolitanum*）
山地葱（*Allium oreophilum*）
金盏番红花（*Crocus chrysanthus*）
托氏番红花（*Crocus tommasinianus*）
黄金鸢尾草（*Iris humilis*）
网纹鸢尾（*Iris reticulata*）
葡萄风信子（*Muscari comosum*）
阿尔及利亚水仙（*Narcissus willkommii*）
二叶绵枣儿（*Scilla bifolia*）
西伯利亚绵枣儿（*Scilla siberica*）
矮花郁金香（*Tulipa humilis*）

郁金香等小型鳞茎植物可以给粗放型绿色屋顶增添一些春天的色彩。

因素的影响，这意味着屋顶的地理位置可能会与美国农业部发布的耐寒植物区位图中的位置不同。美国园艺协会开发的耐热区位图虽然对绿色屋顶的设计没有太大的辅助作用，但它对一些案例还是有所帮助——例如，大多数植物在温度达到85华氏度（30℃）以上时就会受到胁迫，因此，了解当地一年中平均有多少天能达到这个温度就会有所帮助。此外，欧洲的柯平气候分类法（Koppen-Geiger）也可以帮助你判断气候规律、降水率和蒸发率。

指定常见的绿色屋顶植物：穴盘苗、插枝、种子

和地坪花园一样，绿色屋顶植物在幼苗期对新环境的适应力最强、成活率最大。虽然我们在直觉上认为，选择在大型花盆或花瓶中种植大型植物，可以推进绿色屋顶项目、减少杂草压力、使屋顶立刻生机盎然，但这些大型容器并不适用于粗放型绿色屋顶。这些容器内大量的苗圃基质会改变屋顶的土壤成分，毁掉经过精心考虑的成分配比。

在有机物含量高且颗粒细小的苗圃土壤中生长成熟的植物，并不能很好地适应绿色屋顶生长基质的艰苦环境，而且大型植物极少能在屋顶的严酷条件下存活。苗圃土壤很快就会变得干硬、疏水，使根系陷入困境。育苗盆中裸露的土壤还会带入杂草，不利于屋顶环境，可能会造成一个区域范围内的植物全部死亡。即使大型植物能够适应绿色屋顶的环境，但它们增加的重量和成本也会使这个方法行不通。

植物顾问应该熟知哪些植物种类能够在苗圃集市中买到，而哪些不能。对于功能性粗放型绿色屋顶项目来说，植物应该指定到种属的级别——避免指定栽培品种，以防由于供应短缺和替换困难的原因延误了安装。如果采用不易买到的植物种类，你就需

要特别育种，这通常会增加植物成本，而且还需要提前支付更多费用。此外，特别育种也会延长项目的时间表。

当地气候条件，例如墨西哥海湾周围的飓风、美国西南部的酷暑、美国北部的严寒，都会影响种植。确保在适当的季节种植植物，这样能使它们更好地定植，因此需要指定种植时间，最好将种植时间安排在其他项目工作基本完成以后。

在种植过程中可以同时采用不同的种植方法，如插枝、穴盘苗或种子。穴盘苗可以交播插枝，还可以在穴盘苗和插枝上交播种子，这样可以经济有效地加快植被覆盖和增加视觉效果。

插枝是指植物上容易生根、能够单独存活的一小部分。木本植物等常见的绿色屋顶植物在生根时需要两根芽，相比之下，插枝是一个更简单的方法。许多景天属植物的插枝很容易就能生根，就算是偶尔被踩断的茎也会成为增添植物的好方法。在炎热的天气里，这些插枝必须冷藏运输，而且要尽快完成种植，所以供应商与安装商之间的良好沟通至关重要。值得一提的是，插枝比较便宜，如果安装得当就会很快定植。然而，想要实现能够掌

用育苗盆培育的植物通常很难适应绿色屋顶环境。裸露的土壤还会带入杂草并变得干硬，形成一个植物死亡地带。

景天属植物的插枝很快就能生根。

控的或精致的插枝种植设计，并且将植物限定于景天属和露子花属却极为困难或根本不可能。插枝的种植需要一定的技巧，而且在植物休眠时不能使用。

插枝的种植率通常为每1000平方英尺（92m³）栽种25～50磅（11.4～22.8kg）。插枝越多，植被覆盖速度就越快。插枝既可以单独使用，又可以与穴盘苗和种子一起使用。插枝通常装在箱子里运输，收到后应立即开箱检查有无损伤，以便联系供应商，及时解决问题。

在种植以前，要确保生长基质彻底湿润，这样插枝才能充分接触到基质并吸收水分，进而开始定植。可以用可光降解的防护网、黄麻布或增粘剂来固定插枝，直至它们生根为止。

因为不同植物种类的定植率和对微气候的适应力不同，所以应该采取混合种植的方法。多种类种植不但能增加结构的多样化和美感，还能确保绿色屋顶不会因为某种植物无法适应场地条件而失败。插枝也可以在安装完成后和维护过程中使用，以填补裸露点。

穴盘苗是指已长出根系的幼苗，实质上就是小型盆栽植

插枝通常装箱冷藏运输。

如果生长基质水分充足，插枝会很快生根。图片由Furbish公司友情提供。

物。它们的运输容器是10×20英寸（25×50cm）的育苗盘，通常装有36、50或72株幼苗。育苗盘中植物的数量代表穴盘苗的大小——数量越多，幼苗越小。还可以选择不同长度的穴盘苗。穴盘苗的长度要尽量接近生长基质的深度，使根部与组件的接触面最大化。景天属等耐寒多肉植物的穴盘苗比较适合使用72孔的育苗盘。虽然也能买到更小的幼苗（比如每盘108株），但栽种时需要更多的精力和技巧。禾本科植物的尺寸通常更大些，比如36或50孔。

穴盘苗的优点是它可以满足更加宏大的种植设计，但是应该考虑到不同植物的生长速度各不相同，这样才能保证定植阶

使用少量植物种类混合的插枝会使屋顶的外观相对统一。

使用多种植物种类混合的插枝可以丰富色彩和结构，成功适应场地条件和迅速定植的机会也会增加。

段植被覆盖的稳定性。穴盘苗的种植密度通常是每平方英尺一到两株（每平方米10～20株）。有时也可以增加种植密度以加快定植，但如果每平方英尺超过四株（每平方米40株），就没有任何益处可言了。与其他所有绿色屋顶植物一样，穴盘苗上不应该放置覆盖物。

运输时会将育苗盘堆叠起来。收货后应尽快将每层分开放置。

穴盘苗的尺寸和长度各不相同。

种植结果会因气候、种植时间和其他因素而有所不同，但是遵循以下经验法则可以达到大约85%的植被覆盖率：每平方英尺两株穴盘苗大约需要12~18个月的时间完成覆盖，每平方英尺3株需要9~12个月，而每平方英尺4株需要6~9个月。

绿色屋顶的种植最好不要只用种子，这会使植物的定植时间过久，使杂草和其他干扰因素有机可乘。但是在绿色屋顶上

岩石竹（*Talinum calycinum*）幼苗。

加州蓝钟（*Phacelia campanularia*）幼苗。

加播多年生或一年生植物的种子却是一个好办法，这样可以在穴盘苗和插枝定植时期或出现裸露空地时增添色彩丰富的主景植物。能快速发芽的耐旱植物，如无茎蓝目菊（*Arctotis acaulis*）、非洲雏菊（*Arctotis hirsuta*）、彩虹菊（*Dorotheanthus bellidiformis*）、花菱草（*Eschscholzia californica*）、加州蓝钟（*Phacelia campanularia*）、毛马齿苋（*Portulaca pilosa*）、岩石竹（*Talinum calycinum*）都是交播的好选择。早春和早秋时节播下的种子会更快地发芽。与插枝相同，种子也需要基质表面充分湿润才能发芽。如同其他绿色屋顶构件一样，应该从可靠的供应商处购买种子，以保证种子的活力。

预先绿化的安装选择

在已建成的绿色屋顶上，穴盘苗和插枝的种植应安排在其余组件安装完毕、生长基质布置好以后。但有些时候，由于物流或其他原因迫使植物的定植只能在其他地方进行。在这种情况下，可以使用预先培植好的植物垫或种植模块。

植物垫和草皮差不多。生命力顽强的景天属植物几乎一直都是专属选择，它们在田间生长成熟，然后连同地皮一起被切割成条块状，捆扎成卷，再迅速运输至绿色屋顶场地，铺装在生长基质上层。然而植物垫限制了植物配置的多样性和潜在的设计效果。它们较重而且运输和安装也很困难，因此它们比插枝和穴盘苗的价格更高。植物垫在定植阶段通常需要灌溉，以防脱水萎缩，继而可能使屋顶防水层暴露在外。除此之外，植物垫适合用于多风的环境和斜式屋顶，以及客户想要快速完成整齐一致的植被覆盖的项目。

有些人认为，在刚刚安装完成的绿色屋顶上，植物垫是防治杂草的最有效方法。（Miller，2009a）

上：植物垫和草皮差不多，只是它不是草坪用草，而是多肉植物。

右：在干旱的气候下应该为刚安装好的植物垫灌溉。否则它们会很快脱水，导致植物死亡，有时它们还会严重萎缩、暴露甚至损坏其他屋顶构件。

预先培植成熟的植物垫作为轻质、抗风材料，用于美国费城电气公司总部的绿色屋顶翻新项目。图片由Roofscapes友情提供。

　　美国费城电气公司总部45000平方英尺（4185m²）大小的绿色屋顶是宾夕法尼亚州最大的绿色屋顶。它是在2008年的年底作为翻新项目安装的。这个项目所在的位置不但多风，而且由于屋顶有直升机停机坪，所以时常会受到直升机起飞和降落的影响。

　　起初，这个屋顶本来要种植插枝。但是鉴于安装时间太晚以及强风的原因，设计团队最终选择了植物垫。然而，在2008年12月里异常寒冷的一天，当植物垫运到现场准备安装时已经冻住了，需要解冻才能铺展开。尽管条件如此恶劣，这些植物垫的定植情况仍然很好。在六个月之后视察时，它们看起来很不错，用作直升机停机坪期间依旧保持完整。

纽约市哥伦比亚大学的科学家们在市里的不同地点建立了好几个绿色屋顶研究站。其中一个项目是对靠近校园中心的一栋连排老建筑的屋顶防水层进行翻新，对于这个项目而言，必须要选择轻质材料。将预先培植成熟的植物垫铺在2英寸（5cm）的基质上，这不但简化了安装过程，而且组件的重

这个哥伦比亚大学的翻新项目使用的是轻质植物垫。组件饱和时的重量仅每平方英尺12磅（58.6 kg/m²）。图片由琳达·麦金太尔（Linda McIntyre）提供。

量——饱和时每平方英尺12磅（58.6kg/m²）——只有另一个粗放型屋顶的一半重。

　　植物模块是装有几英寸深的生长基质和植物的黑色塑料托盘。它们可以是预先绿化的模块并在现场种植，或预先培植好的已经定植的成熟植物（如果使用模块，则应对后者明确指定）。植物模块应像铺路材料那样安装在屋顶防水层上，虽然较重，但相对便于移动和更换。

如果绿色屋顶项目中使用了植物模块，为了使场地外定植的效益最大化，注意应该选择"预先培植成熟"而不是"预先绿化"。

在北美，人们对绿色屋顶仍然持有不确定、担忧和怀疑的态度，这种氛围下植物模块一直很受欢迎，然而，在德国、瑞士和其他一些绿色屋顶普遍流行的地方，却根本没有人使用植物模块。当业主和管理人员担心绿色屋顶可能存在漏水或其他隐患时，植物模块经常被认为是一个不错的折中方法。

但是，模块通常是绿色屋顶种植中最昂贵的方法。客户首先要支付植物在场地外定植的费用，然后再支付将育苗盘运送到场地和搬到屋顶的费用，这个过程比起处理散装的生长基质和插枝或穴盘苗更加困难和耗费时间。为了避免损伤植物和损失育苗盘中的生长基质，在安装预先种植好的植物模块时必须特别小心。移动模块时应该将它们抬起，而不是在屋顶上拖拽，以免破坏屋顶防水层。

一旦安装完成，被广泛使用的模块系统通常就不那么便利了。育苗盘比看起来更重：装有4英寸（10cm）生长基质和植物的4平方英尺（0.4m²）的模块可重达约80磅（36.4kg）。如果育苗盘的边缘凸出，暴露的塑料会在阳光的照射下降解，使模块难于移动。除此之外，育苗盘之间的空隙会暴露出防水层，或者使树

绿色屋顶模块的包装和运输费用很昂贵。

木幼苗和其他杂草有机可乘，继而损坏防水层。

　　在设计对绿色屋顶性能的影响方面，虽然相关研究非常少，但人们对于模块系统的雨洪管理性能和其他功能的有效性还是存在质疑。

　　"我不认为植物模块是绿色屋顶，"工程师兼设计师查理·米勒（Charlie Miller）说。它们更像是屋顶上一系列的微型花园或排列整齐的盆栽。边缘效应——系统周边逐渐呈现出不同的情况，那里的植物通常更干燥、受到的胁迫更多——由于系统被分成间断的小块，从而加剧了这种效应。"这的确是一种将植物移植到屋顶的方法，但从工程学的角度来看，很难能从中获益。"

　　然而在有些情况下，植物模块却是在建筑上安装绿色屋顶的最佳方法或唯一方法。虽然模块系统本身的价格比较昂贵，但在小型住宅项目或商业地产项目中，只能通过客运电梯或楼梯运送材料的情况下，安装费用会更低一些。一些创新技术，如无暴露的塑料边缘设计和可降解材质的育苗盘等，都会通过高度模拟整体系统环境来改善植物模块的性能。有些塑料模块

塑料模块边缘的植物会变的缺水、干枯，受到环境的胁迫。

设计为齐平的边缘，并为植物根系的生长留出空隙，可生物降解的网格也会随着材料的降解消失不见。塑料网格的消除同样也会改善模块的外观。

切萨皮克湾基金会为减轻阿纳卡斯蒂亚河流域的暴雨影响付出了很多努力，这也是促成美国心理学协会总部绿色屋顶项目的推动力。当时，总裁Skip Calvert与绿色屋顶宣传和咨询集团DC Greenworks的Dawn Gifford进行了面谈。Gifford帮Calvert总裁成功争取到了TKF基金会的资助，TKF基金会通常在巴尔的摩——华盛顿地区资助绿色空间项目。

在美国心理学协会总部的楼顶上，植物模块是唯一可行的绿色屋顶安装方法。David Chester摄影。

由于建筑物原本并不需要翻新屋顶，所以成本便成为这个项目的重要因素。但植物模块可以用货梯运输，而且无需重型设备就能在现有的防水层上轻松安装，这使得项目变得可行。世界资源研究所的Nancy Kiefer对此表示："我们希望向人们展示，无需花费很多费用也可以建造绿色屋顶项目。"世界资源研究所在这栋建筑中也有办公室，并且参与了项目的出资和物流环节。物业人员正在考虑再额外增加一些绿色空间。

像加州科学院使用的这种可生物降解的模块，可以像塑料模块那样安装在绿色屋顶上。图片由SWA集团提供。

可生物降解的模块会快速降解，最终完全消失。

这个可上人屋顶的绿地面积有 3000平方英尺（296m²），此外还配有座椅和一个景观迷宫。虽然景观迷宫具有特别的吸引力，但TKF基金会的Kiefer和Mary Wyatt都认为屋顶绿化才是吸引访客的主要原因。绿色植物使这个屋顶在华盛顿的酷暑中更加舒适悦目，而且可以上人的特点以及靠近美国国会和国家广场的中心位置也使之广受欢迎。

旧金山加州科学院在洛马普列塔地震中被摧毁，后于2008年重建。这个时尚、新颖的绿色屋顶别具一格，成为当时一种全新的屋顶种植方案。绿色屋顶模块逐渐成为斜式屋顶安装植物的流行方法，可是黑色的塑料网格与这个时尚高端的项目完全不协调。此外，建筑师Renzo Piano希望从环保方面考虑，尽可能避免使用塑料的植物容器。

这个难题，加上Piano对即刻完成植物覆盖的渴望，促使恢复生态学家保罗·凯普哈特（Paul Kephart）（他的公司致力于为屋顶开发本土植物配置），和一群专家学者开始研发可生物降解的绿色屋顶模块。这块289平方英寸（1865cm²）的育苗盘使用椰子纤维作为原材料，并用天然乳胶粘合制成，椰子纤维是指在菲律宾培育的椰子产生的废料。育苗盘中装上了3英寸（7.5cm）经过菌根真菌处理的生长基质，并额外添加3英寸（7.5cm）厚的基质，填铺在被玄武石石筐划分出来的大型方块里。

育苗盘中的植物在凯普哈特经营的苗圃里被预先培植好，然后再运送到屋顶。由于育苗盘可以降解，所以施工进程必须按照项目时间表进行，以免模块在安装到屋顶以前就开始降解。景观设计师约翰·卢米斯（John Loomis）表示，项目安装时间表已将育苗盘的使用期限推至极限。安装后的几个月里，一些育苗盘因漏水需要修复；育苗盘的底部已经基本不见，植物也长出了6英寸（15cm）左右的根系。从那之后，凯普哈特就一直在其他项目中使用可降解的育苗盘。

绿色屋顶的非绿色方面：承重、防水、排水

不论多么有活力和吸引力，绿色屋顶终究还是屋顶，而且需要满足屋顶的所有功能。设计师和安装商应该熟悉屋顶相关的问题和施工细节，包括风吸力；渗透力；管道、墙体和路缘石之间的间距；以及防水板。这些问题可以参考美国屋顶承包商协会的"植被绿化屋顶系统手册"。

结构上的考虑

绿色屋顶的重量取决于很多因素，包括生长基质的成分、绿色屋顶组件的整体深度、材料选择、植物配置，最重要的是，在常规基础下是否可以承载多人到访——也就是说，屋顶的设计是否有可用空间，如露台、平台、走道等等。粗放型绿色屋顶通常被认为仅仅是一种雨洪管理方法，其实，如果能够承载这些活动的重量，它们也可以被设计为具有吸引力的公众空间。

对于任何屋顶而言，准确评估承重能力是绿色屋顶项目成败的关键，屋顶的设计必须同时满足恒定的静荷载——即屋顶构件本身和建在屋顶上的机械设备重量——和可变的活荷载，包括访客、家具、维护设备、雨水和积雪。此外还要考虑到与安装设备相关的施工荷载（美国屋顶承包商协会，2009）。最低结构要求由当地的建筑法规规定。

绿色屋顶有着分层结构和持水能力，所以它的重量比传统屋顶重。单就水本身而言，每加仑就重达8磅以上（每升0.96kg），每立方英尺约62磅（993kg/m³；美国地质调查局 2009），许多绿色屋顶都被设计为能够保持大量的雨水。收集和保持的水分应该算作绿色屋顶静荷载的一部分。

为了确保组件相对屋顶结构不会过重，应指定绿色屋顶基质的重量和深度。为了确保在结构方面给予适当的关注，设计团队中应该有一位结构工程师，并且设计师和客户应该坚持基质和其他成分要经过实验室的检测。

当基质达到饱和且种植了成熟的植物时，最薄的粗放型绿色屋顶大约重达每平方英尺13磅（63.4kg/m²）；生长基质厚度为3~4英寸（7.5~10cm）的标准式粗放型绿色屋顶更重一些，约为每平方英尺17~18磅（83~88kg/m²）。更厚的强化型绿色屋顶可以达到每平方英尺35磅（170.8kg/m²）以上。一些评估表明，大多数北美商业建筑的平顶屋都能够承载每平方英尺25磅（122kg/m²）左右的重量，这足以承载生长基质厚度为3~4英寸（7.5~10cm）处于饱和状态下的绿色屋顶系统，然而在安装绿色屋顶前还是必须由结构工程师对建筑结构的承重能力进行检验。

绿色屋顶重量和静荷载的计算可以按照美国国际测试和材料协会的方法（E2397 和E2399）。如果无法使用以上方法测试，工厂互助全球保险公司（Factory Mutual Global）建议可以按照饱和重量不低于每平方英尺100磅（1601.8kg/m²）的标准计算生长基质在饱和状态下的静荷载（工厂互助全球保险公司，2007）。

防水

无论是绿色屋顶还是传统屋顶，它最重要的功能是防止雨水进入建筑。防水这个话题太过宽泛和复杂，鉴于篇幅和专业知识有限，在这里我们就不详细讨论了。然而，所有参与绿色屋顶项目的人在选择防水膜时都应该考虑到以下这些要点。

确保选择的材料适合绿色屋顶

防水膜的种类繁多，每种都有优点和缺点。其中包括组合屋面，由毛毡和热沥青交替层叠制成；改性沥青，由沥青和聚合物混合制成；单层屋面，材料可以是塑料、PVC、橡胶或热塑性聚烯烃；以及各种自流平产品。

美国屋顶承包商协会（NRCA）推荐为绿色屋顶选择以下种类的防水膜。

最小厚度标称215密耳（0.215英寸，5.375mm）、织物增强、热自流敷设、聚合物改性沥青防水膜；

最少两层APP或SBS聚合物改性沥青防水膜；

最小厚度60密耳（0.06英寸，1.5mm）带状搭接缝的增强EPDM防水膜；

或者织物增强、单或双组分、自流敷设的弹性防水膜（Graham，2007）。

在安装其他组件时，必须小心保护防水层。松动的钉子或其他设备会造成漏水，而且可能直到项目完成后才能发现。那时再去维修不但费用昂贵而且非常不方便。

在安装过程中保护防水膜

在绿色屋顶项目中，防水层必须能够完好无损地禁受住绿色屋顶的超负荷。绿色屋顶植物的根系，以及可能出现的杂草或树苗会损坏一些防水膜。有些防水膜能够抵御根系入侵，然而其他的就需要另外安装防根层。对此，设计师应该听取制造商的建议。FLL指南中也有鉴别各种防水材料耐根穿透力的方法，以及必要时安装防根层的信息（FLL，2008）。

一些用于排水和保水的垫子，可单独使用也可以与其他排水材料搭配使用，同样也能用来保护防水膜。在隔离层位于防水层上面的倒装组件中，隔离层也起到了保护作用。当然，最好还是咨询防水膜制造商听取有关保护材料的建议。

在绿色屋顶系统的安装过程中，必须要保护防水膜的完整性。最好是最后安装绿色屋顶，但这对于标准的施工进度安排却很难实现。虽然排水系统和生长基质能为防水层提供一定的保护，但是为防水层覆盖临时屋顶板材，尽管有点贵，却可以为防水层提供更全面的保护，减少更换防水层的可能性。然而，应该注意的是，安装保护层本身不会损坏防水层——例如胶合板板材，但如果边角处的板材过重，会造成防水层上V形撕裂。在可以与组件中的其他构件相互兼容的情况下，美国屋顶承包商协会推荐使用沥青板、挤塑聚苯板或者PVC薄板（NRCA，2009）。

安装完成前进行漏水测试

在安装防水膜后，需要测试它的防水性能和完整性。可以暂时堵住排水管，然后在屋顶放水，或者使用电场矢量图法（EFVM），用电导率精确定位所有漏水点。在防水层周边安装电线环，为电流创建电位；在测试中，防水膜的所有破损点都会作为上方表面与防水膜下方的连接点，突显出漏水点（Miller & Eichhorn，2003）。

在安装其他组件之前必须对防水膜进行测试。可以留下一套电子测漏工具，以便在安装结束后测试漏水点和方便维修。图片由Furbish公司提供。

EFVM方法或其他导电率测漏技术可以减少发生漏水时需要移除绿色屋顶覆盖层的顾虑，因为绿色屋顶系统在其他组件安装后还能继续使用。这种测试方法将漏水区域隔离开来，因此维修时仅需更换少量材料，极大地简化了修复过程。EFVM技术还可以用在难以进行浸水试验的斜式屋顶上。

如果设计和安装得当，绿色屋顶组件可以保护防水层不受高温和紫外线的影响。但如果防水层的边缘或缝隙暴露在外，绿色屋顶组件的保护作用以及潜在的使用年限就会逐渐遭到破坏。设计师和安装商应该确保整个防水层都被完全覆盖。

排水

绿色屋顶排水层的设计需要平衡各种要素，包括项目的设计意图、地域气候和降雨、建筑结构的承重能力、屋顶坡度、植物配置等。与所有屋顶一样，绿色屋顶的排水系统必须功能正常；当地建筑法规中的管道部分会提及最小倾斜率、排水管数量，以及其他要求等设计信息（NRCA，2009）。

任何情况下"平式"绿色屋顶上都不应该有积水——哪怕是看似平面的屋顶也总会有至少每纵尺0.25英寸的最小坡度（每延米2.1cm）——即使在暴雨期间或过后也不应该有雨水滞留。排水性能差的系统会增加屋顶荷载，影响植物生长，以及破坏生长基质（Miller，2008）。但同时，绿色屋顶必须有足够持久的持水功能，能够给屋顶上的植物提供所需的水分，而且在雨洪管理中要有效地减少径流量，削减排入污水系统和受纳水体中的峰值流量。当绿色屋顶系统达到田间持水量时，它的排水功能应该和传统屋顶相近。

任何平式屋顶都不能仅依靠重力排水，所以一般都会有地表排水沟、地下排水管、排水槽、落水管，或其他排水方法。在绿

与所有屋顶一样，绿色屋顶的排水系统必须功能正常。在任何情况下，屋顶都不应该有积水。图片由汤姆·立普顿（Tom, Liptan）提供。

色屋顶上，仍然需要依靠这些方法排放超过系统持水能力以外的雨水。绿色屋顶组件中包含排水层，它与生长基质之间由植物根系可穿透的过滤织物分隔开，以阻止细小颗粒和碎屑迁移，排水层有利于使饱和的绿色屋顶组件中的水流入屋顶排水系统。植物模块的育苗盘底部通常会有排水孔，有时，它们会被安装在其他排水材料上，成为整个组件的一部分。还有一些模块的底部设计有排水渠，可以让水横向流过屋顶。

在绿色屋顶系统中，排水层通常包括排水基质（比生长基质更粗糙、空隙更大的骨料）、合成片材，或这些要素的组合。它们分为两大类：一类只能排水，另一类在浅洼处兼具持水功能。那些兼具持水能力的排水层看起来有点像大号的塑料鸡蛋包装盒，而那些仅能排水的却形状各异：如一团聚合物纤维丝、多孔的合成纤维、带凹槽的泡沫板，或其他能够促进水流动的形状（Wingfield，2005）。

上述两类排水层各有利弊。排水骨料通常持水量更多，能为植物提供更加舒适的生长环境，使根系得以舒展并有效吸收水分和营养，有利于植物健康生长。它的排水性能可以通过不同的材

排水骨料（左）比生长基质（右）更粗糙、空隙更大，更利于水的流动。

料或颗粒尺寸调整，它适用于各类灌溉系统。在一些气候条件下，排水骨料可以以低廉的成本取得卓越的排水性能（Gangnes，2007）。

虽然颗粒基质通常比合成片材更重，但除非屋顶结构的承重有严格限制，否则通常可以忽略重量差异对整体系统的影响。颗粒层更持久的持水能力使之成为雨洪管理和大多数植物配置的理想选择。然而，在高湿度的环境下却不太适用，因为它需要更长时间脱水和恢复雨洪管理能力。

排水片材、板材或垫子都比颗粒排水基质重量轻。它们比骨料成本更低，安装需要更少的人力，而且更容易渗透，能够更快地排水。有些排水层——例如塑料蛋盒型，有时被称为保水板——带有持水功能的设计是为了植物从中吸收水分。但是保水板在这方面的性能却具有争议。蓄存在锯齿状塑料表面的水分可能无法提供相同的园艺效益，因为水会流入根系可穿透的骨料层中。除此之外，在按照厂商的要求安装排水层后，片材的实际保水量可能会低于标注的值（Miller，2003）。

左：一些排水板由柔软的合成纤维织物组成，如图中位于排水骨料和过滤织物下方的那些。

下：其他排水板质地较硬，带有洼陷的设计可以少量蓄水。

尽管会增加重量、设计的复杂度和成本，但为这种保水板补充一层排水基质却可以提高排水系统的性能。特别是当屋顶系统的重量成为令人头疼的问题时（例如有结构限制的改造项目），或是需要高导水系数和更干燥的基材时（例如在杂草压力大的区域），保水板是不错的设计选择。

如果绿色屋顶设计中有铺路的话，设计师应该确保铺路材料下面的排水材料选择得当。一些片材缺乏必要的抗压强度和稳定性，不足以支撑铺路（Weiler & Scholz-Barth，2009）。最后，施工文件中应明确说明排水层的安装方法。有些项目的排水层被装反了，使之无法达到应有的效果。

保持水分

一些绿色屋顶组件的排水板下面有一层合成纤维保湿层，上面有小的蓄水槽，用于给植物提供更多水分。由于材料的种类及性能各不相同，而且鲜有关于这个构件及其性能的实地专项研究，所以难以评估这种方法的使用效果。

有些设计师认为，将保湿垫安装在基质较厚的区域下方，这样可以为屋顶某些区域的植物提供更深的生长环境，使植物配置的选择范围更广。保湿垫能够锁住一些多余的水分，植物根系长入垫子的织物中也有助于稳固较厚的基质。

计师、屋顶建造师或者工程师却无法仅凭一己之力就能成功地完成这项工作。

绿色屋顶构件的制造或销售商也许已经找到了新的解决方案，能够提升绿色屋顶的健康状况、稳定性，并延长使用寿命。但是口说无凭，无法保证质量。绿色屋顶构件应该经过测试，生长基质和植物的供应商必须保证他们的场地和产品没有杂草等污染物。设计师在选择构件时应该恪尽职责，不要依赖于宣传册、网站和广告宣传。

在这样的市场条件下，买家必须要谨慎小心。从正面来看，情况会变得越来越好。正在进行中的研究可以公布产品的使用现状、发展和设计。已经建成的项目，即使是失败的项目，也可以为绿色屋顶行业积累经验。现在甚至有些工具可以帮助人们设计绿色屋顶和指导安装。

基于这种情况，业主和客户应该以更高的标准要求设计师和安装商，这对于促进行业成熟必不可少。同样，设计师和安装商应该审查供应商资质和材料品质的一致性。

应该在设计的早期阶段定义成功的标准，并在项目完成后按

在绿色屋顶构件的行业标准缺失的情况下，设计师更应该仔细审查他们的供应商。

伊利诺伊州Aquascape公司总部
大楼的楼顶，3英亩的草地上种
植着北美当地的草原草和多年生
植物，吸引了很多鸟类和昆虫。

第3章　行业现状

要点

- 绿色屋顶产业尚未成熟，产品的选择和使用方法令人困惑。
- 借鉴可用的指导方针、标准和其他信息来源。
- 设计师和材料顾问应该建立起可靠的供应链。进行采购时，审查承包商和供应商的资质，并进行实地考察。
- 清晰的目标、严谨的设计、明确的职责分工和持续的参与，这些对绿色屋顶项目的风险管理有很大帮助。
- 当地政策会对项目产生影响。相关法规和激励措施会使绿色屋顶更具吸引力。

北美绿色屋顶行业尚处于初期阶段。虽然不断发展，但项目数量仍然有限，行业数据匮乏，客观评估标准较少，刚入行的新人很难在种类繁多的产品中做出适当的选择。尽管相比十年前而言，现在绿色屋顶的数量有所增加，但绿色屋顶面积在总屋顶面积中所占的比例却微乎其微。许多北美绿色屋顶只有几千平方英尺（几百平方米），所以规模效益和显著的公共利益仍然有待实现。然而，绿色屋顶已经被更多的人了解和接受，也许是因为近年来对环境问题的关注度增加，使之吸引了世界各地的设计、建筑、园艺和景观行业的注意。

最近掀起了绿色屋顶技术的热潮，但这是一把双刃剑。随着越来越多的厂商出售各类产品，更多的设计师承接绿色屋顶项目，选择范围的扩大以及经验的积累会推动行业发展。在许多方面都是这样。但是这些努力背后的期望并不总是能够保证项目成功。在任何新技术或现有技术适应不同环境的过程中，都需要一段时间检验和改正错误，绿色屋顶也不例外。促使人们步入这个行业的热情有时会产生事与愿违的结果，导致选择的设计材料不合适或者设计考虑不周全。行业竞争、市场数据和经验积累最终会使市场平稳发展。与此同时，尽管大多数人都想为绿色屋顶添一份力，但并不是所有人都知道怎么做才是正确的。

如果要使绿色屋顶成为主流的选择和真正有效的生态系统服务工具，就必须改变这种局面。行业的长期健康发展取决于品质始终如一和性能经得起实地检验的材料来源。同时也要依靠相当数量的项目施工来积累所需的数据和经验。

北美绿色屋顶行业目前陷入了"先有鸡还是先有蛋"的困境中。这里尚未有足够数量的绿色屋顶，所以无法结论性地证明这项技术的可靠性和性能，无法产生规模效益，也无法降低材料成本和安装费用。但是不验证可靠性、性能和规模效益，就更难达到临界规模。许多领导这个行业发展到现在的人都坚信，绿色屋顶能够显著地改善建筑环境。然而，只有热情是不够的。绿色屋顶行业必须往下一阶段发展，证明它能够以合理的成本大规模建造，并且能够取得卓越的性能。

买家注意事项

目前，消费者是市场上最弱势的一方。如果你想购买汽车或者冰箱，你可以轻易地找到一些关于不同型号的性能和可靠性的客观信息，也能找到相关的价格指导。然而，如果你想为房子或商业建筑建造绿色屋顶，可供参考的独立资源或公正的意见却寥寥无几。更糟糕的是，相比德国等其他绿色屋顶市场健全的地方，生长基质和劳动力等材料在北美的价格更高

（Philippi，2006）。

　　然而，昂贵的价格不一定体现在质量上。在独立检验和认证尚未普及的情况下，性能优良的产品会被大肆宣传的产品排挤在外。所面临的困难不仅限于此。一些市场参与者带来了其他相关离散行业的专业知识，如屋顶建造、苗圃土壤和景观安装，但如果这些专业知识没有经过长期检验和细致分析，就不能照搬到绿色屋顶项目中。一些人通过购买学习资料和参加考试来获得证书，但实际上他们甚至根本没有这一领域的经验。还有些人想要使绿色屋顶市场边缘化，认为他们的行业才是唯一有资格设计、建造和维护绿色屋顶的。

　　正如绿色屋顶是多元化的产物（不仅是建筑的一部分，同时也是一个生命体，一个用工程材料建成的景观建筑）——单一的行业或职业无法解决所有问题。屋顶、植物、建筑、雨洪管理或其他学科的知识必不可少，但这些对于成功的绿色屋顶项目而言并不足够。由建筑师、顾问、景观设计师、屋顶建造师、工程师组成的团队，或者具备以上全部专业知识的个人也许能够设计和建造出你想要的绿色屋顶。相反，单独的建筑师、顾问、景观设

在德国等国家，绿色屋顶行业相对完善，竞争有助于降低材料价格。回收建筑材料的成熟市场也有帮助，有些回收材料可以用在生长基质里。

计师、屋顶建造师或者工程师却无法仅凭一己之力就能成功地完成这项工作。

　　绿色屋顶构件的制造商或销售商也许已经找到了新的解决方案，能够提升绿色屋顶的健康状况、稳定性，并延长使用寿命。但是口说无凭，无法保证质量。绿色屋顶构件应该经过测试，生长基质和植物的供应商必须保证他们的场地和产品没有杂草等污染物。设计师在选择构件时应该恪尽职责，不要依赖于宣传册、网站和广告宣传。

　　在这样的市场条件下，买家必须要谨慎小心。从正面来看，情况会变得越来越好。正在进行中的研究可以公布产品的使用现状、发展和设计。已经建成的项目，即使是失败的项目，也可以为绿色屋顶行业积累经验。现在甚至有些工具可以帮助人们设计绿色屋顶和指导安装。

　　基于这种情况，业主和客户应该以更高的标准要求设计师和安装商，这对于促进行业成熟必不可少。同样，设计师和安装商应该审查供应商资质和材料品质的一致性。

　　应该在设计的早期阶段定义成功的标准，并在项目完成后按

在绿色屋顶构件的行业标准缺失的情况下，设计师更应该仔细审查他们的供应商。

照这些标准进行评估。也许会有问题出现，但只要在实际目标的基础上仔细规划，避免重复做无用的工作，就能避免很多问题。选择经验丰富的团队，以避免场地出现突发状况时无法处理，在绿色屋顶安装完成后，可以通过持续维护缓解问题。

指南和标准

目前最全面详细的绿色屋顶指南由德国景观研究、开发和建筑协会FLL（Forschungsgesellschaft Landschaftsentwicklung Landschaftsbau）编译。25年多的时间以来，该协会的绿色屋顶团队一直致力于完善绿色屋顶生长基质、施工方法和材料、种植信息的标准和规范。除了基本的绿色屋顶信息和相对熟悉的生长基质和排水基质标准，该指南还涵盖了范围更广的问题，如场地条件和植物选择之间的关系，以及斜坡和承重等技术问题。然而，指南中并不推荐具体的产品或植物（Philippi，2005）。

英文版本的FLL指南可以在互联网上购买，指南中包括绿色屋顶的规划、建造和维护等内容。这些指南为许多北美早期的绿色屋顶项目提供了重要指导。这里有许多先行者在德国学习了绿色屋顶技术，并成功地将德国粗放型绿色屋顶技术应用在北美。这种方法在东北、大西洋中部和美国五大湖地区尤其奏效，指南的内容比较灵活，因此它在多种气候范围内都适用。

一些符合FLL指南的绿色屋顶组件，如生长基质，可以在北美买到，宾夕法尼亚州立大学提供与FLL标准相同的生长基质测试方法。其他实验室也有相关测试，但不是所有测试都会遵循普氏压实试验等方法，因此可能无法比较测试结果，而且这些测试的参照标准并不全都可以用于分析绿色屋顶系统所需的独特性能（宾夕法尼亚州立大学农业分析实验室，未注明日期）。

美国材料试验协会ASTM成立了一个绿色屋顶专项研究组，近期发表了一系列测试方法和关于植物的选择、安装和维护工作的指南（ASTM International，2009）。研究组的可持续发展委员会也正在编写《绿色屋顶系统指南》，以确定相关术语、原则和概念，以及另一本更加宏大的《绿色屋顶评估实践》（ASTM International，2007）。

工厂互助全球保险公司（Factory Mutual Global）发表了绿色屋顶损失预防建议，能够指导设计和帮助选择组件（Factory Mutual Global 2007）。文件中包括重点议题的讨论，如承重和抗风的问题。该公司还发表了另一份文件，单独说明风荷载的抵偿设计以及防水膜和膜下组件的推荐。

指导标准虽然非常有用，但也不能提供万能的解决方案。所以你仍然需要做足功课。为特定目标选择最佳组件仍然需要分析，甚至常常需要臆测。欧洲和美国市场都缺乏对大多数合成产品的评判标准。绿色屋顶工程师兼设计师查理·米勒一直活跃在ASTM的绿色屋顶专项研究组，他列举了以下材料新性能测试的清单：基质毛细管作用；纤维毛细管作用；绿色屋顶同等条件下的抗刺穿性；基于综合排水系统测试得出的排水能力；纤维织物的根系渗透率。

此外，指南和设计标准起到指导作用的前提是它们所包含的细节标准。在设计过程中，作为参考标准的报告如果缺乏必要的细节标准就缺乏指导力。这些细节标准的缺失会使承包商没有足够的信息来制定合适的竞标价格，导致在施工过程中更换材料订单，或者造成客户不满意竣工的项目（D'Annunzio，2003）。

研究和测试

在过去十年里，宾夕法尼亚州立大学、北卡罗莱纳州立大学、密歇根州立大学、哥伦比亚大学、多伦多大学、南伊利诺伊大学艾德华兹维尔分校、俄勒冈州立大学等高校的研究为绿色屋顶做出了宝贵的贡献。仅举几个例子，科学家和学生们验证了绿色屋顶管理雨水径流的能力（例如，EPA，2009a），比较了不同植物种类在屋顶环境中的生存能力（Monterusso et al.，2005），分析了绿色屋顶减少城市热岛效应的潜在能力（Rosenzweig et al.，2006），并为碳封存贡献了一份力量（Getter et al.，2009）。

然而更多的工作有待完成。雨水量的数据强劲，但削减洪峰流量和短暂滞留的数据却不容乐观。我们需要更多有关规模性效益的数据，也就是说，若干英亩（公顷）的大屋顶与几千平方英尺（几百平方米）的小屋顶相比，性能方面的差异如何。许多应用于绿色屋顶的产品和材料没有相关的性能数据，所以应该对它们加以监测和分析，特别是在绿色屋顶整体系统中与其他产品和材料一同使用时。最明显的差距是缺乏长期数据——大多数研究的时间框架只有三年或更短时间。长期数据可以使设计更精确，对多个场地的监测可以直接比较不同的设计方法，包括对不同的绿色屋顶，以及绿色屋顶上各种绿色基础设施的比较（Traver，2009）。

一些研究进一步证实并量化了绿色屋顶的效益，揭示了如何设计才能使绿色屋顶的期望效益最大化，这些研究可能会增加绿色屋顶项目的数量。数据信息会帮助政府部门掌握制定政策和激励措施的信息，从而帮助他们处理市政雨水径流对水质污染的问题。这些激励措施使绿色屋顶的安装成本更加经济节约。此外，更详细的效益量化数据也会使业主相信，绿色屋顶是值得考虑的、具有功能性的、主流建筑的选择。用来测量不同材料性能的优质工具能够减少市场的雷区，避免一些对材料品质的臆测。

专业和行业信息

很多职业和行业都在争夺绿色屋顶这块蛋糕，各种集团甚至私人企业都把自己定位为绿色屋顶设计和安装的领导者。然而，没有哪个行业是唯一适合做绿色屋顶设计和安装的，绿色屋顶项目团队也没有典型的成员结构。团队成员各自有不同的专业背

学术研究提供了宝贵的绿色屋顶数据，但我们需要更加努力。俄勒冈州立大学的研究人员正在测试不同的植物品种，分析不同构件的径流情况。

景，包括建筑学、景观建筑和设计、工程学、屋面材料学、园艺学，他们中很多人有着丰富的绿色屋顶设计和安装的成功经验。经验、对项目的持续参与，以及乐于改正和从错误中学习的精神才是最好的导师。

虽然有时人们付出的努力仅仅是市场宣传活动，但却为公众提供了有帮助的免费信息。专业协会的地方分会可以帮助人们找到具有绿色屋顶项目经验的企业和个人。

健康城市的绿色屋顶

总部位于多伦多的行业贸易组织——城市绿色屋顶协会，每年都会举办会议并为绿色屋顶项目颁发奖项。该组织的网站上公布了获奖者信息，以及一些绿色屋顶的基本资料和成员公司的宣传广告。此外，该组织还出售教材并设立了一个通过笔试考查的认证程序。

美国景观设计师协会

2006年，美国景观设计师协会（ASLA）位于华盛顿特区的总部安装了绿色屋顶。这个屋顶成为示范性项目，它充满活力和复杂的设计构思使之难以被复制。该屋顶对公众开放，供游客观赏，而且协会的网站上也提供了项目的信息。自从正式对公众开放以来，包括景观建筑师、设计师、政府官员和环保人士在内的很多人都来参观屋顶，这个备受瞩目的项目极大地推动了城市绿色屋顶的发展。

ASLA协会在年度会议期间组织绿色屋顶参观活动和教育研讨会，并在网站上提供广泛的绿色屋顶综合信息和其他可持续设计措施。网站上还可以看到一些获得协会年度设计奖项的绿色屋顶项目信息。

美国建筑师协会

美国建筑师协会（AIA）有一个实践小组——环境委员会，组内的成员都对可持续发展的设计感兴趣。十多年来，委员会每年都会评选出年度"十佳绿色项目"奖项，突出了创新设计的重要性，包括那些安装了绿色屋顶的项目。获奖项目的信息，包括

美国景观设计师协会总部大楼的绿色屋顶，色彩斑斓的屋顶种植吸引了众多目光。

项目的选择标准都能在网上查阅。AIA网站也提供绿色建筑的综合信息，包括潜在的客户资源，但是很少有专门针对绿色屋顶的技术指导。

美国屋顶承包商协会

目前，绿色屋顶仍然只是总屋顶的一小部分。有些屋顶工作人员已经开发出了绿色屋顶的副业，有些人希望利用人们对绿色屋顶日益增长的兴趣，但还有些人仍对此持怀疑态度。美国屋顶承包商协会（NRCA）成立了一个屋顶环境创新中心，并为成员和其他人员提供更加生态环保的屋顶信息，其中包括绿色屋顶；鼓励和宣传绿色屋顶的研究；拓展市场机遇。此外，该协会还出版了一本种植屋顶系统手册，包括实用的施工细节、组件描述、绿色屋顶设计的最佳实践和安装。

制造商

一些屋顶材料制造商也提供技术信息、技术规格或教育材料，有时还有免费的在线课程。这类信息在质量和实用性方面各不相同。职业群体成员在某些情况下可以通过学习课程取得继续教育的学分，但这对于那些仅仅想要了解更多绿色屋顶技术的人来说也很有帮助。

设计和安装公司

一些专业绿色屋顶公司的网站上提供详细的技术和项目信息。即使你不聘请这些经验丰富的公司做项目，它们网站上的信息也值得你去研究。如果可能，找到并参观类似的项目可为设计师和业主提供宝贵的信息。

风险评估

　　绿色屋顶在北美仍然是一个相对较新的概念，有时人们对风险的认知有点曲解，有时会夸大风险。粗放型绿色屋顶的设计和安装通常应该是一个简单的过程，绿色屋顶的风险控制方法与所有建设项目相同。尽早明确目标，在现实的基础上明确期望，并通过设计满足这些目标和期望。明确责任范围，以保证从设计到安装过程的完整性和后期利用率。尽早处理安装后出现的问题并持续加以维护。明确分配职责，规划好定植期间以及长期的维护工作。

　　一些业内人士对自己项目的性能承担责任，以这种方式推广绿色屋顶，但事实上稍微夸张点说，在绿色屋顶被广泛接受以前，过于依赖风险管理可能会抑制需求并推动业主选择其他方法（如专属系统和模块），而这些并不是能够满足业主预期的最佳或性价比最高的方法。

保修条款

　　绿色屋顶令业主担忧的大部分原因都与渗漏有关。即使是安装得当的绿色屋顶系统，如倒置的屋顶防水层组件，能够避免高温、温差和日晒等破坏防水膜的降解作用，渗漏的情况仍然可能发生。对于选择、安装和测试得当的绿色屋顶组件下方的防水层（见第2章"防水"），只要在施工过程中注意保护，应该不会发生渗漏。事实上，人们不愿使用绿色屋顶技术是因为受到了普遍存在的劣质安装、有质量缺陷的传统屋顶的影响（Weiler & Scholz-Barth，2009）。

减少渗漏之忧的方法之一是为绿色屋顶提供保修。但业主不应该过于相信能够通过长期保修来保证性能。甚至连美国屋顶承包商协会都不提倡这种做法。因为保修方承担的责任往往有限，同时他们会排除一部分消费者意识不到的责任，导致保修条款在漏水时起不到有价值的帮助。一些公司将保修作为营销手段，而这会使业主忽略绿色屋顶的技术规范、安装以及应当长期承担的维护责任（美国屋顶承包商协会，未注明日期）。美国屋顶承包商协会建议消费者对经过检验的选择进行目标分析并做出决策，这些选择应该对他们自己的项目更有帮助。

绿色屋顶项目的保修过程比较复杂，首先需要移除覆盖层——即防水层上方的绿色屋顶系统，修复所有漏水点，修复完成后再替换掉覆盖层。保修条款中通常注明制造商不负责覆盖层的移除和替换，或者仅在消费者使用商家自己的绿色屋顶系统时才提供这些服务。

在当今的绿色屋顶市场中，这类系统的使用和说明总是会被最佳构件的分析和说明所代替。这些系统为建筑师简化了指定规格的过程，保修条款也为业主提供了保证，特别是在施工阶段无法保证防水膜不受破坏的情况下。但是，为项目目标选择和指定最佳构件，包括防水膜；让所有施工人员注意到在施工时应该采取必要的保护措施；在安装绿色屋顶之前利用EFVM确定防水膜的完整性，或者做一个屋顶测试；以及与安装商协商好保修条款，以上这些是建造一个成功的绿色屋顶最好的方法。EFVM系统，用于在施工现场定位漏水点，即便在绿色屋顶组件安装完成后也可以使用（详见第2章"防水"），它也有助于减少人们对渗漏的担忧。

最后，应该记住保修条款不会一成不变。业主必须在一开始就确认保修条款的细节，以及项目的哪些方面在保修范围内，由谁提供保修。在一些情况下，尤其对于一些专属系统，购买价格中通常包含保修服务。但在其他情况下，则必须单独购买组件中的不同部分（如植物）的保修服务。有时即使与通常的做法不同，制造商和安装商也愿意协商保修条款。但如果不问的话，你就会与这些灵活的机会失之交臂。

保险

保险业近期的发展也许有助于人们正确地看待绿色屋顶相关的风险。许多业内人士都关心气候变化引起的环境影响所带来的风险，他们清楚可持续建筑实践可以缓解这些风险。"我们依靠历史数据来评估风险，"旧金山海湾地区"消防员基金"（Fireman's Fund）保险公司的斯蒂芬·布什内尔（Stephen Bushnell）说，"但如果气候变化，飓风、火灾、春季风暴等灾害的频率和严重性增加，这些因素却不会被计入数据中。"

"消防员基金"、CNA和莱克辛敦等保险公司已经成立了一些项目，被保险方可以通过绿色屋顶等可持续材料和工艺来修复或替换受损的房屋（Harrington 2008；CNA 2009；Ortega-Wells，2009）。保险覆盖范围还包括将受损建筑还原到同等级别，或者通过LEED认证的更高级别（Harrington，2008）。可供业主选择的类似项目越来越多，有助于推进可持续建筑方法（包括绿色屋顶）成为主流和增强这些方法带来的效益。布什内尔表示绿色建筑对居住者来说更安全、风险更小。建筑业主们也表现出同样的热情；他说从2007年到2008年"消防员基金"（Fireman's Fund）保险公司的绿色建筑业务翻了一番。

然而，保险业对全面绿化的覆盖并不是一个快速的过程。增幅相对较少的绿色建筑没有为保险精算带来公信力。绿色屋顶尤其会给保险业带来挑战，因为与屋顶以及门窗相关的失败将使保险公司面临巨大损失。特别需要注意的是翻新项目，布什内尔说："建筑是否能够承受屋顶的重量，特别是当土壤处于饱和状态时？材料的选择是否合适？承包商是否有相关经验？一旦项目失败，承包商的保险范围是否足够？"

对于类似情况的失败，责任通常在设计师和安装商。然而，对业主而言，诉讼是一项繁琐的程序，并不能快速地解决问题。更加标准化和以性能为基础的绿色屋顶行业将有助于解决这些问题，使设计师和安装商有可能减少自己所承担的风险。

业主也应该特别注意绿色屋顶的维护。布什内尔说，建筑的运营和维护方式，包括绿色建筑在内，对其性能有显著的影响。对于绿色建筑性能的关注会越来越多，一些律师还预测未来会有针对未能达到预期性能的诉讼（Buckley，2009）。

然而，一些绿色屋顶相关的潜在风险发生的概率比其他风险更小。例如火灾，尽管纯粹是假设，人们仍然会担忧（Willoughby，2008）——但他们很少关注绿色屋顶上实际发生的火灾事件。恰当的设计，包括使用合适的生长基质和植物，并加以定期维护就可以解决火灾隐患。在德国，如果按照FLL标准来建造和维护绿色屋顶，则被认为它具有耐火性。

第三方认证

目前，几乎所有的美国新建筑项目都在寻求LEED认证。LEED是由美国绿色建筑委员会（USGBC）建立的一个评价系统，旨在评估建筑的场地可持续性、节水效率、能源使用和对大气的影响、材料和资源、室内环境质量和设计创新。LEED认证包括四个等级，根据分数分为：认证级、银级、金级、铂金级。认证项目被归为不同的建筑类型，包括学校、住宅和商业建筑。美国绿色建筑委员会最近单独成立了一个绿色建筑认证机构，为设计师和其他绿色建筑专业人才（见下文）提供评定和认证程序。

还有一些奖励可持续发展和能源效率的其他认证项目，例如加拿大的绿色地球认证项目，美国建筑和制造工厂的能源之星认证项目。LEED目前在美国建筑认证市场上占据主导地位，尽管有一些关于其是否适用的争议（Cheatham，2009a），但该认证项目已经渗透到联邦、州和地方各级的法规、奖励机制以及其他政策中（USGB，2009）。

由于高成本和繁琐的认证过程，以及系统中难以考虑到地区因素，LEED认证项目受到了一些批评（Schendler & Udall，2005；Kamenetz，2007）。但通过建立起明确的标准，在绿色建筑快速兴起的时期提供客观的第三方认证，并扩大可持续设计的市场，LEED已经改变了可持续建筑的游戏，为此它值得大加称赞。USGBC也会继续努力来改善和加强建筑认证和专业人才评定程序。

然而，在绿色屋顶设计师、安装商以及其他人士浏览过令人眼花缭乱的产品和服务后，他们会发现不论是关于产品本身，还是在技术规格的参考值方面，认证项目中都没有指导可循。虽然作为一个绩效体系，但LEED目前并不评估过去建成的绿色建筑项目或诸如绿色屋顶等系统组件的实际性能，尽管USGBC似乎正在努力使LEED朝这个方向发展（Post，2009）。项目团队中一个或多个成员的能力评定并不意味着这个个体或团体一定具备与你的项目相关的知识和经验。

对于LEED认证，绿色屋顶可能会在一个或多个类别中为项目得分，但即使通过了认证也不一定意味着屋顶的设计与安装都合理。仅仅为了在认证中得分而在项目中安装绿色屋顶的话，如果屋顶没有明确的目标定义，业主也可能会蒙受损失。

评定

　　USGBC的LEED项目包括对专业人才的评定，被称为LEED Aps。2009年，管理该项目的绿色建筑认证协会对其进行了更新，使评定过程更加严谨并对继续教育做出了要求，努力使项目得到提升并符合ISO 17024标准——人员认证的国际标准（Roberts，2009）。以前，LEED Aps只要求通过一个有80道题的计算机考试，这相对容易做到，许多没有项目经验或建筑、设计和施工知识的人只需要几周的学习就能通过评定（例如Posner，2008）。

　　目前有各种不同的LEED AP证书。对于那些寻找LEED专业人才的项目团队来说，新系统中最相关的评定类别可能是LEED AP+，该类别适用于已经通过专业考试（例如建筑设计与施工、运行与维护）及核心考试的专业人士。除了测试以外，这些评定项目的申请者还必须有文件记录最近至少有一个LEED项目经验。LEED GA（Green Associate）类似于前述的LEED AP项目，但它对继续教育有要求，更适合缺少经验的申请者，如学生或营销人员。那些在前述评定系统中获得了资格评定的人员，将根据他们的经验和继续教育的要求并入一个新的类别（Roberts，2009）。

　　多伦多的行业成员协会——绿色屋顶健康城市（Green Roofs for Healthy Cities）最近也推出了一个评定程序。有志向的绿色屋顶专业人士可以从组委会处购买预备课程和学习指南，并参加一个100道题的考试。目前在拿到证书前需要完成继续教育课程，至少有一半的课程需要从组委会那里购买。

这个绿色屋顶位于LEED铂金认证的建筑上，但基质的规格显然并不合适，这个深度不足以支撑指定的植物。

不要过于依赖评定证书

所有这些评定证书都反映出，持有人对绿色建筑感兴趣并愿意投入时间、精力和金钱来学习这方面的知识。但仅凭这些证书却无法证明这个人能在绿色屋顶这样复杂的项目中胜任重要角色。在没有学徒期或实习期的情况下，一个人即使经过最严格的课程训练，也不可能完全准备好担任项目中的重要角色。许多学识渊博、经验丰富的绿色屋顶设计师和安装商并没有刻意追求任何形式的资格评定。

对于那些希望在绿色屋顶行业就业的人，资格评定并不能保证他们能够找到工作。尽管获得了LEED AP+证书的求职者可以从事LEED证明文件和认证流程相关的工作，但却没有与绿色屋顶设计、安装或维护相关的特定职业。建筑师、景观设计师、工程师、屋顶建造师和其他专业人士能够成功地建造绿色屋顶，但这些职业却都与绿色屋顶市场无关。在德国，绿色屋顶市场既有竞争力又成熟健全，而且没有专业的绿色屋顶认证。

那些在北美市场寻找绿色屋顶设计师或安装商的人们，应该参考优秀项目的记录，以此作为最可靠的指标。复杂的或特定的设计目标，如雨洪管理或野生动物栖息地，则要求有额外的特殊专业知识。正在考虑获取这些评定证书的专业人士也应该明白，如果因为项目失败或未能达到预期性能而被客户起诉的话，持有并使用了这些资格证书则可能会受到更高标准的约束（Victor O. Schinnerer & Company, Inc., 2009）。这个是争论的焦点，在法庭上还有待验证。

绿色屋顶经济学和激励措施的作用

绿色屋顶项目最主要的障碍之一，是它比传统平面黑色屋顶投入的前期成本更高，它的前期成本甚至还高于其他可持续生态措施，如反光的白色屋顶，干净的白色屋顶可以节省大量能源（Rosenzweig et al., 2006）。即使是在成熟健全的市场中也很难量化绿色屋顶的效益，因此对投资回报的预测也不会精确。"在德国，有很多针对绿色屋顶是否有投资回报的研究，所有研究都表明，从长远来看并将维护成本考虑在内，会有投资回报。"绿色屋顶顾问彼得·斐利比（Peter Philippi）说。他在美国开展业务以前曾在德国工作了很多年。"研究结果总是向着积极的一面，只是很难给出一个具体的数字。"尽管绿色屋顶早期的"第一成本"通常较高，但是适当评估绿色屋顶的公共和私人利益，特别是在城市地区，可以说选择绿色屋顶是有意义的，长远看来甚至可以省钱（Clark et al., 2008; MacMuillen et al., 2008）。

将雨洪管理，减少城市热岛效应，缓解某些形式的空气污染等公共效益融入到政策中，通过建立激励机制来降低绿色屋顶的成本，使效益货币化。低廉的成本会为绿色屋顶行业增加经验和数据，使人们更清晰地了解最佳性能，有助于在设计、安装和维护方面取得最佳实践。更多的数据和经验会帮助市政和地方当局建立起能满足特定需求的绿色屋顶项目（例如在供水受限的地区收集雨水重新利用）。

LEED认证之所以受欢迎是因为许多业主和开发商都认为绿色建筑在性能、年限，特别是营销方面极具价值。在这些大大小小的效益最终被确立以及量化之前，还有很长的路要走。但是这些看法正在转化为实际的激励政策，推进着绿色产业的发展和翻新，甚至在经济低迷时期加快了绿色建筑业的增长（Ortega-Wells, 2009）。

明确的激励机制便于业主计算绿色屋顶的投资回报。许多北美城市，包括芝加哥、俄勒冈波特兰市、费城、纽约、多伦多和华盛顿特区都建立了激励机制，以促进绿色屋顶的建造。随着各种不同的激励措施在各个城市中被推广和不断更新，可享受的福利包括了建筑容积率奖励、加快许可证的颁发、税收或雨水费的抵免或减免，以及政府补贴。这些项目也有助于在开发团体中传播绿色建筑知识。例如，旧金山引进了私企雇员办理绿色许可程序。这不但提高了办理许可程序的效率，同样也是地方专业人才积累绿色建筑经验的好方法（AIA，2008）。除了激励政策，一些地方政府还实行了其他措施。2009年多伦多成为北美第一个要求大型新建筑项目的屋顶绿化达到一定百分比的城市。

现阶段评估哪些激励措施对推广绿色屋顶建筑最有效还为时过早。减税是一种灵活的方法，可以产生立竿见影的利益回报。在扩建的城市中，密度奖金像政府补贴一样具有吸引力并且容易量化。加快许可证的颁发可以为业主和开发商节省很多资金，但权威部门必须要有足够的人力和知识能够使这个程序运作起来（AIA，2008）。多伦多强制要求屋顶绿化比率的大胆举动可能会遭到强烈反对或者拒绝服从，但也可能使绿色屋顶面积大量增加，使地方产业更具竞争力和效率，同时还能发展创新的设计方法。

将绿色屋顶融入法规和政策中

雨洪管理法规在过去十年里推动了北美绿色屋顶建筑的发展。这种趋势可能还将持续下去，因为可投入到越来越多的传统基础设施管理中的资金越来越少，而且传统基础设施改善水质的能力也受到越来越多的质疑（Slone & Evans，2003; 国家研究委员会2008）。但是仅凭雨洪管理法规可能不足以使绿色屋顶成为发展的主流。

有效地推广绿色屋顶或其他绿色基础设施的实践，并将实践融入雨洪管理法规仅仅是第一步，环境科学家兼政策分析师

克里斯·克劳斯（Chris Kloss）说。实现绿化目标的最佳方法
是通过激励政策进行推广，将目标融入其他政策框架中，比如
分区规划制度。克里斯·克劳斯引用他的一个项目作为例子，
这个项目涉及对城市水体中大量雨水径流的控制。"大量的雨
水径流会使我们收集到大量的雨水"他说，"这确实很好。但要
真正地绿化城市，你需要一个综合互补的方法。"这就要求明
确优先顺序和精化目标。在一些地区，减少使用饮用水是首要
目标，而在其他地区，缓解城市热岛效应可能更为重要。市政
府可以为缓解城市热岛效应的目标制定有针对性的激励措施，
同时这些措施也可以帮助达到雨洪管理的目标。此外，他们还
应该以身作则树立起榜样。

　　以绿色屋顶的推广和建设而闻名的三个城市的经验教训具有
指导性意义。它们都致力于治理合流污水溢流（CSOs），并努力
将绿色基础设施纳入到雨洪管理法规中。但它们各自采取了不同
的方法以适应不同的政策环境，包括激励措施、法规，以及不同
组合的强制要求。

芝加哥：实行，制定法规，政治意愿

　　芝加哥在许多人心中是城市绿色屋顶建筑的代名词，即使在
设计领域以外也是如此。市长里查德·戴利（Richard Daley）在
1998年欧洲之旅后便对绿色屋顶产生了浓厚的兴趣，随后他便为
了城市的屋顶绿化而孤军奋战。他从自己的市政大厅开始，首先
在2000年建造了一个占地20000平方英尺（1860m²）的绿色屋顶
种植项目，当时在北美地区甚至很少有人听说过绿色屋顶。2003
年芝加哥规划发展部门和城市土地研究院的芝加哥分部召开了一
系列的研讨会，为开发人员讲解绿色屋顶知识，消除他们对这项
技术的恐惧和偏见，并确定哪些激励措施最具有吸引力。

绿色屋顶现在是芝加哥有效可持续发展政策的主要组成部分，这个政策的覆盖范围越来越广，而且还促进了植树和街巷绿化等其他方面的提升。所有接受财政资助或城市分区援助的项目，都必须满足明确的绿化要求（在许多情况下，包括可用屋顶面积的部分或全部种植）。城市建筑也要求通过LEED认证，并且在可行的条件下要有绿色屋顶。激励措施也已经实施：加快办理绿色项目的许可，将绿色屋顶作为透水面积计入雨水保持的要求中，在多户住宅项目的开放空间影响费中抵免可上人绿色屋顶的税额。

戴利常常说他想把芝加哥变成全美国绿化最好的城市，他充满个人魅力的领导方式收获了成果，其中包括约600个绿色屋顶项目，占地面积近700万平方英尺（651000m²）。这些项目的成功使当地政府相信，绿色屋顶在减少合流污水溢流（CSOs）、节约能源、缓解城市热岛效应和提高城市生活质量方面，发挥了重要作用。政府官员和工作人员正在努力构建一个持久的可持续发展政策框架，并将其嵌入到当地法律中，绿色屋顶将会是这个政策框架的关键要素。随着许多基础设施已经到位，这座城市也在按照戴利的管理意愿顺利发展，形成一个更加注重性能表现的制度体系。芝加哥规划发展部门的绿色项目管理人迈克尔·巴克夏（Michael Berkshire）说，要使绿色屋顶达到一定规模，他们可以考虑修改政策，比如为项目的规格设置最低标准，根据现有数据制定维护要求。他和他的同事们也会借鉴随着行业发展而不断增加的当地的专业知识。

巴克夏认为，开发界正在努力实现市长的憧憬。那些过去与他有意见分歧的分区律师和开发商们大多数已经接受了绿色建筑，并且在某些情况下，将其视为新常态。一位开发商最近告诉他，如果一栋建筑没有经过LEED认证，那么在开盘时就被淘汰。"我等这句话已经等好多年了。"他说。

俄勒冈州，波特兰市：激励机制下的绿色屋顶项目作为多层面雨洪管理方法的一部分

热爱户外活动、有着活跃文化的波特兰，已经成为推广绿色基础设施的领导者，这些绿色基础设施包括绿色屋顶（在当地被称为生态屋顶，因为未经灌溉的屋顶在干旱的夏季不会很绿）。波特兰市的生态屋顶项目从1991年开始在治理CSOs方面扩大了影响力，然而过去CSOs每年有60亿加仑（228亿L）未经处

芝加哥市长里查德·戴利的绿色屋顶活动从市政大厅的屋顶开始。

理的废水和雨水被排放到哥伦比亚斯劳和威拉米特河中。这个项目的诞生有一部分要归功于一起与净水法案相关的诉讼，在那之后，环境保护局（EPA）要求该城市实行更加严格的雨洪控制措施［波特兰，环境服务局（CoPBES），2009a］。

波特兰试图用一个绿色基础设施项目作为回应，但是环境保护局（EPA）那时并未批准这个做法。波特兰已接近完成了一对造价14亿美元的大管道，设计这对管道是为了满足环境保护局的要求。但是不管怎样，波特兰还是继续落实了一系列的绿色基础设施，由山姆·亚当斯设计的"从灰色到绿色"创新概念将生态项目和传统项目结合在一起。山姆·亚当斯是环境服务局的前任局长，他在2009年当选为波特兰的市长。生态屋顶是这些努力的重要组成部分，此外还有波特兰备受赞誉的绿色街道项目、植树，以及其他可持续的雨洪管理措施。

波特兰在20世纪90年代开始建造生态屋顶的示范项目，1999年时这些项目被认为是雨洪管理的最佳方法（法规要求在场地中管理雨水径流）。来自环境服务局的技术和许可方面的援助，连同公开会议和外延服务，都帮助这些项目获得了开发界的认可。2001年，还确立了与生态屋顶覆盖面积的百分比挂钩的绿色建筑项目补助金和广受欢迎的密度奖金政策（Liptan，2003）。

这一进展的基础上，波特兰在2008年制定了一个目标，计划在五年之内增加43英亩（17.2hm²）的生态屋顶。

"我们想创造动力，展示生态屋顶的效益，与公众分享信息，"规划和可持续发展部主任丽莎·莉比（Lisa Libby）说，"这个目标看似雄心勃勃，但是和波特兰的总屋顶面积，约12500英亩（5000 hm²）相比还是相对谨慎的。"（Bingham，2009）。为帮助完成目标，政府部门制定了一项生态屋顶补助金政策，规定生态屋顶项目每平方英尺可以获得5美元补贴。在这个政策实施的第一年，有超过50个商业和住宅项目申请了补助金。设计行业中的一些人已经注意到，补助金有效地使生态屋顶基础构件每平方英尺的价格降低了一半（King，2009）。

波特兰市的领导层正在积极地通过激励措施来鼓励私人行动，以减轻排水系统的压力，例如为缴纳住宅和商业污水排放费的纳税人分离落水管。单就分离下水管而言，每年就能为排水系统减少超过10亿加仑（38亿L）的径流量（CoPBES，2009a）。其他城市也开始注意到了波特兰的成绩，至2011年时有望减少96%的CSO流量（CoPBES，2009b）。

同样，波特兰市采用低干涉的方法来促进和建立公众对生态屋顶的支持。这座城市几乎完全依靠激励政策，而且目前对

波特兰市有一项政策规定，在任何需要替换的建筑屋顶上都要安装绿色屋顶，除非建筑结构或其他问题使之在经济上不可行。

一些为生态屋顶寻求支持的项目很少要求设计细节。但是随着经验和数据的增加，这个计划也在不断地被修改。汤姆·立普顿是一位生态屋顶的开拓者（1996年他在自家的车库上建造了这座城市的第一个生态屋顶）兼环境服务局（管理补助金的部门）的景观设计师，他说制定这个计划是为了政府机构能够将资源用在最有可能取得良好性能的项目上。举个例子，土壤基质为4英寸（10cm）厚的系统能达到良好的雨洪管理性能，但是翻新项目的生态屋顶可能无法承受这么多重量，所以并不要求这些建筑一定要满足这些标准。立普顿说，到目前为止，申请数量和可用资金非常匹配，因此几乎所有申请者都能得到补助金。但是人们的兴趣日益增加，所以这个项目的竞争可能会越来越激烈。

费城：从流域层面思考，提高效能要求

费城坐落于两条河流之间，具有很长的社区绿化传统，它是最早使用绿色基础设施来创新雨洪管理解决方案的城市。1999年，费城水务局在新成立的流域办公室的赞助下，整合了合流污水溢流、雨洪管理和水源保护项目，以便更好地发掘潜在的控制方法和实施有效的长期改进措施（费城水务局，2009）。一份2006年的雨水手册中着重强调，在新开发的场地中，整体场地设计和减少不透水表面覆盖对推进最初一英寸的雨水控制目标非常重要。该手册还为绿色屋顶提供了详细的设计、材料和维护建议。

流域办公室的规划师格伦·艾布拉姆斯（Glen Abrams）认为，该方法代表了推动绿色屋顶向更高性能方向发展的努力。对于按照手册设计、符合FLL指南和ASTM测试方法的绿色屋顶生长基质［厚度至少3英寸（7.5cm）］，流域办公室将其算作达到

雨洪管理要求的可透水表面，然而，该手册中也承认绿色屋顶并不是零排水系统，它要求场地设计必须能调节径流量。如果有新的信息表明绿色屋顶在雨水径流控制方面更加有效或者效果不佳，那么有关要求或者免税额度也会随之改变。

费城的地理位置很适合作为研究绿色屋顶效益的实验室。这座城市受益于附近活跃的设计团体，包括绿色屋顶、综合设计公司、研究和设计方面的学术项目。逐渐增多的建设项目、对雨水数据和其他性能指标的持续分析，将为政策的发展提供参考信息。

与此同时，这座城市的绿色屋顶结构越来越有吸引力。雨洪管理费正在迈进以地块为基础的付费系统，这意味着一些使用绿色屋顶的纳税人每月会节省一大笔支出。从2010年开始，商业、工业、公共机构的房地产业主，或者多户住宅建筑的业主将根据地块大小来支付建筑毛面积的费用，以及不透水面积的费用，这些变动会对费用总额产生巨大的影响。然而，新的系统可以享受一定的免税额度，包括绿色屋顶在内，那些达到雨水手册标准的建筑都将受益。

除雨洪管理政策以外，这座城市近期为私营企业项目设立了一项税收激励政策，以税收抵免的形式减少他们的商业特权税，减少的金额是绿色屋顶安装成本的25%（上限是10万美元）。这项政策适用于占总屋顶面积50%或占75%的合格屋顶面积的绿色屋顶，按面积较大者计算。艾布拉姆斯说，这项税收激励政策的实施、雨洪管理费用的减少、更换屋顶和能源成本的降低，加上其他一些绿色屋顶的效益，会使绿色屋顶越来越有吸引力且经济实惠，逐渐成为费城业主和开发商青睐的选择。

你的地方政府、州政府或国家政府可能会是下一个

诸如此类的地方激励机制可能会刺激更多的绿色屋顶项目，验证一些绿色屋顶效益，使绿色屋顶成为法规或投资的最佳选择。同时，还能帮助解决一些与绿色屋顶和其他环保设计方案相关的悬而未决的问题，包括政府机构怎样追踪绿色屋顶的位置；怎样使新业主了解绿色屋顶的功能、维护事项和相关的法律责任；地方政府如何进行监管；权威部门怎样处理那些不为绿色屋顶进行维护的业主（Slone & Evans，2003）。目前，绿色屋顶和

美国费城电气公司（PECO）在2008年底安装绿色屋顶时，享受了新税收激励政策下的优惠。图片由Roofscapes友情提供。

相关措施都缺乏像滞留池那样的传统雨洪控制的工程特性。很多官员都在设法解决进退两难的局面——旧系统起不到作用，新方法需要通过纳税人资助的激励措施进行推广，并且有义务遵循净水法案。

2007年能源自主和安全法案第438章中给出了较为清晰的说明。它要求美国联邦政府的大型新建筑项目必须符合以下两种做法之一：使用渗透、蒸发、吸收和重新利用降雨的方法阻止雨水向场地外排放，或者在项目设计和建造时考虑保持雨水径流的流速、流量、持续时间和温度（EPA，2009 b）。作为世界上最大

绿色屋顶正在华盛顿特区生根发芽，很多联邦政府机构都使用绿色屋顶管理雨水，节约能源和延长屋顶寿命。

的土地所有者之一，州政府和地方政府致力于使用绿色基础设施并论证其效率。对于他们来说，将绿色屋顶和其他环保雨洪控制措施整合到当地法律法规中更加简单。率先使用绿色屋顶的城市所取得的经验，如上文中描述的内容，会使随后其他城市中绿色屋顶的发展更加顺利。

对于设计师、开发商和业主来说，并不一定要关注政策制定过程的细节。但却应该意识到这个过程本身正在发生。法规一直在不断地变化，有时变化会非常显著。与新的或潜在的激励措施和要求保持一致，将有助于项目顺利获批，也会为业主节省更多费用。

设计过程

绿色屋顶的设计过程就如其本身一样复杂。大多数景观项目都不会发生在建筑物上面或者成为建筑施工的一部分，而且大部分建筑项目都与有生命的元素无关。深思熟虑和合适的设计选择非常重要，然而在绿色屋顶项目中这些设计选择的影响会出现在意想不到的地方。严谨的设计总是比失败的成本要低。多学科合作对保证项目从结构到园艺等各个元素的相互补充和增益尤为重要。

构建目标：预先自我学习

考虑采用绿色屋顶的业主或开发商应该了解清楚其需求。找一些相似的绿色屋顶项目，看看它们安装完成后的效果。是否看起来不错？是否漏水或者有其他问题？植物是不是长势良好？那些业主还会再次选择绿色屋顶么？如果你确认在项目中使用绿色屋顶，那么在设计初期阶段，越早向设计团队明确你的目标，在设计中就能越好地实现这些目标。

同样，设计师在设计开始之前就弄清楚业主的目标也非常重要。"在不清楚为什么需要绿色屋顶的情况下不要开始。"绿色屋顶工程师兼设计师查理·米勒说。一些建筑业主可能关注绿色屋顶的性能，另一些则可能出于利他、市场营销或其他原因想在建筑中加入尽可能多的绿色特征。如果业主提出使用绿色屋顶，那么设计师有责任弄清楚业主确切想要什么，并帮助他们了解绿色屋顶是什么（不一定是屋顶花园），将会有怎样的外观效果（特别是在早期），需要付出何种程度的精力来维护（这将取决于设计），以及前期成本和整个生命周期的成本是多少。

芝加哥Gary Comer青少年中心的
绿色屋顶设计种植了多年生植
物、较高的草类和蔬菜。

第4章　绿色屋顶的设计与建造

要点

给业主的建议：

• 考虑清楚绿色屋顶是否符合你的目标；

• 选择有绿色屋顶设计经验的设计师；

• 地坪和传统屋顶的景观建造并不相同；

• 要知道出现问题的时候施工图是你唯一的资源，因此越详
  细越好；

• 建造期间需要有一位知识渊博的甲方代表或者项目经理在
  现场；

• 维护也需要投入资金，不要把预算都花在设计上。

给设计师的建议：

• 聆听业主的目标，确保绿色屋顶适合该项目；

• 了解自己不知道的领域，并知道如何找到该领域的专家；

• 不要泛泛地执行。仅指定必要的要素以完成项目目标；

• 遵循已经过验证的方法。不要把项目当成实验，除非客户
  明确表示同意如此；

• 持续参与。当出现问题时，解决问题并从中学习经验。

设计过程

　　绿色屋顶的设计过程就如其本身一样复杂。大多数景观项目都不会发生在建筑物上面或者成为建筑施工的一部分，而且大部分建筑项目都与有生命的元素无关。深思熟虑和合适的设计选择非常重要，然而在绿色屋顶项目中这些设计选择的影响会出现在意想不到的地方。严谨的设计总是比失败的成本要低。多学科合作对保证项目从结构到园艺等各个元素的相互补充和增益尤为重要。

构建目标：预先自我学习

　　考虑采用绿色屋顶的业主或开发商应该了解清楚其需求。找一些相似的绿色屋顶项目，看看它们安装完成后的效果。是否看起来不错？是否漏水或者有其他问题？植物是不是长势良好？那些业主还会再次选择绿色屋顶么？如果你确认在项目中使用绿色屋顶，那么在设计初期阶段，越早向设计团队明确你的目标，在设计中就能越好地实现这些目标。

　　同样，设计师在设计开始之前就弄清楚业主的目标也非常重要。"在不清楚为什么需要绿色屋顶的情况下不要开始。"绿色屋顶工程师兼设计师查理·米勒说。一些建筑业主可能关注绿色屋顶的性能，另一些则可能出于利他、市场营销或其他原因想在建筑中加入尽可能多的绿色特征。如果业主提出使用绿色屋顶，那么设计师有责任弄清楚业主确切想要什么，并帮助他们了解绿色屋顶是什么（不一定是屋顶花园），将会有怎样的外观效果（特别是在早期），需要付出何种程度的精力来维护（这将取决于设计），以及前期成本和整个生命周期的成本是多少。

当然，类似的调查对任何一个景观或施工项目都很重要，对大型建筑项目中重要的部分也是如此。但是绿色屋顶对大部分人而言还是新的概念，因此有些人很热衷，而有些人却有些担心。一些人可能只是通过文章和图片了解到绿色屋顶，他们看到的都是光鲜成功的一面，但每个独立的绿色屋顶项目都会与标准的住宅和商业项目不同。另一种情况是，绿色屋顶可以很好地满足客户的目标，但是客户却可能没有意识到。

确定绿色屋顶是否有助于达到这些目标

尽管绿色屋顶看起来是一种颇具潜力的设计方案，但是它对于项目整体环境而言可能并非是最佳选择。例如，一天中大部分时间都处于相邻建筑阴影下的屋顶可能难以保证植物存活。一些低层建筑周围包围着会产生和传播大量活性种子的植物，如枫树，这会使维护工作过于繁重，因此不适合建造绿色屋顶。在用地充裕的城市郊区，雨水花园和透水铺装等措施可能是更加易于实施、经济合理的雨洪管理方法。

哪怕是理论上绿色屋顶适合某一工程，如果抛开美观因素不谈，通过离散函数对比绿色屋顶和其他可持续建筑或生态系统服务工具，你会发现绿色屋顶似乎昂贵得让人无法接受。白色屋顶节约能源且造价低廉。铺装区域的雨水花园和生态滞留池能拦截雨水，而且设计与安装都不对建筑造成直接影响，因此建造过程简单方便，造价也较便宜。

但是，我们同样需要考虑工程的具体情况和周边环境。在密度较高的城市，没有多余的用地可以用于在地坪上建造雨水花园，所以绿色屋顶可能是少数能为新建或翻新工程提供绿化的选择之一。关注长期成本和性能的业主可能会选择比白色屋顶造价稍高、但耐久性更好的绿色屋顶。

此外，绿色屋顶提供的综合效益使其初期较高的成本物有所值。主要为满足雨洪管理法规设计的绿色屋顶，同时也能用作可上人或观赏性的休憩空间，或者用于降低一些工业建筑的能耗。一些公共效益，例如单幢建筑微不足道的贡献，包括降低城市热岛效应和减少雨水径流排放到当地河流，或者是为社区居民和工作者提供一小片城市绿色空间和怡人的景色，可能无法被量化，但是对客户却非常重要。业主为可持续发展做出的实际承诺，将会增加建筑的价值，以及业主在社区的声誉。

运用全面的知识和技巧

因为绿色屋顶的设计和建造需要多学科的知识，所以没有固定的专业知识和必备的技能列表可供设计团队参考。没有人能具备所有的专业技能，因此每个成员必须清楚自己以及他人的具体责任。最重要的是每一个人，尤其是设计领队，应该认识到不同知识领域之间的间隙以及如何进行弥补，以增强团队

精致的屋顶细部是绿色屋顶设计建造的重要内容。这个通风管的防水片做得很不错，种植区的排水沟也很清晰，雨水和冷凝水可以通过大粒径的碎石区域迅速排掉。

的设计能力。

设计团队应该由对绿色屋顶的材料、构件、标准、测试方法、设计范式、建造和园艺有经验和造诣的人组成。例如，建筑师能够设计一个结构良好的屋顶，但是可能不了解绿色屋顶覆盖层带来的材料兼容性和排水等问题。当然只要建筑师认识到需要咨询那些了解相关知识的人，便可以很好地解决这些问题。

同样，对于那些屋顶非绿色的部分，例如防水材料和防水板，绿色屋顶设计团队也需要确认它们能够与绿色部分成功地融合在一起，以及在覆盖层的安装过程中不会遭到破坏。漏水经常发生在水平和垂直断面交接的地方，如女儿墙和穿管等地方。因此，防水板和其他细部必须谨慎处理和设计得当（NRCA，2009）。

设计领队不需要熟谙每个单独的个人或者公司负责的分项专业知识，但是整个团队应该通过队员之间的协作交流信息，取得项目的成功。在一个设计/建造项目中，设计团队还需要可靠的供应商网络以保证持续的优质材料来源。如果项目公开招标，那么设计师就需要对绿色屋顶组件的各个构件都非常熟悉，以便编写设计说明。

设计方案和产品方案

绿色屋顶对大多数设计师和建造商而言还是新生事物，因此选择有经验的公司或者公司中的团队来设计建造你的绿色屋顶将更有可能满足你的要求。对设计师而言，研究并选择能满足客户需求的绿色屋顶构件，并与有经验的施工团队合作，这样会使项目成功的概率大大增加。然而，有时候更加标准化的方法更加有效。

采用定制的方法（设计方案）并不一定价格就高。由绿色屋顶设计、建造、维护方面经验丰富的人员构成的专业公司能帮你明确项目目标，指定必需的绿色屋顶构件。在不影响屋顶功能的情况下做节省造价的修改也是可能的。定制设计的绿色屋顶系统可以适应不同场地和预算限制的需求。

设计方案的提供方可能是多学科的公司、建筑师或者景观设计师、屋顶建造公司的专业部门、建造商，或者是专业的绿色屋顶咨询公司。如果项目公开竞标，早期过程中完成完善的设计可以使出价更加真实，减少施工时可能出现的问题。如果采用设计/施工的方式，在整个过程中请有经验的绿色屋顶设计师参与，将能很好地交流不同构件的重要性和特性，并能缩短工期、提高效率且减少成本。设计/施工的方式同时使业主在遇到任何问题时仅需要与单一责任方联系。在设计/竞标/施工的项目中，责任可能更加分散和难于确定。这就需要在施工文件中明确和细化各项责任。

在当今绿色屋顶市场中，"经验丰富"只是一个相对的概念。不要认为那些高知名度的设计公司必然是最好的选择，特别是在它们只完成过少数几个绿色屋顶项目的情况下。在选择设计公司前要好好下一番功夫。完成过一两个绿色屋顶项目并不意味着这家公司有能力做好你的项目。项目完工不久后拍摄的专业图片也许令人眼前一亮，但却不代表这个绿色屋顶能经受住时间的考验。如果有机会，应该去现场参观安装好的屋顶，特别是那些完工时间较长的，看看它们的效果如何，完工后遇到的问题是如何解决的。如果有可能，应该与客户和建筑的运营、维护团队进行交流（如果相关事宜由他们负责的话）。

产品方案可以设计为标准的覆盖在防水膜上的绿色屋顶组件，或者一系列的构件，如预先绿化的育苗盘模块。这些绿色屋顶系统易于说明，而且有些效果良好。如果安装后出现问题，业主可以与单一责任方联系。有时，产品方案是绿色屋顶的唯一选择（参见第2章的"预先绿化的安装选择"）。

然而，通用的解决方案很难满足某个具体项目的特定要求或者目标。产品方案的设计团队中可能不一定会有植物专家为项目选择最合适的植物和生长基质。如果设计说明中不严格禁止使用不恰当的替代产品，那么在安装过程中原有产品很可能被替换成性能不佳的其他产品。而高质量产品的性能取决于安装技术，这并非是所有制造商都能提供的。

如果产品是捆绑销售的话，你也许还会买到不需要的构件。景观建筑师杰弗里·布鲁斯（Jeffrey Bruce）指出，多余的构件增加了额外的成本，安装相对复杂的系统也导致人工成本增加，除此之外，这些多余的构件在某些情况下造成的危害比益处更多，可能会削弱系统的功能。

无论用什么方法，在设计团队中有一位熟悉屋顶环境园艺知识的成员都非常重要。工程技术顾问肯·海森堡（Ken Hercenberg）说，当设计师为一个大型项目的绿色屋顶写设计说明的时候，他应该雇佣一位专业的屋顶种植园艺师。应该由专家来选择合适的基质和植物，以及制定合适的养护制度。

无论什么项目，业主都要警惕言过其实的产品推销，以及不能充分服务于项目目标的设计方案，这在设计方案和产品方案中都有可能发生。例如，将特色种植错误地描述为低养护种植——不适当的设计与不合适或不必要的产品一样糟糕。

谨记基本原则

有些基本准则适用于所有项目。建筑物必须能够承受植物成熟以后和基质水分饱和情况下的绿色屋顶荷载。设计方案必须保证排水顺畅和防水膜完整，特别是在边缘和穿洞等薄弱点。植物配置需要反映屋顶的微气候特征，包括荫蔽区、保护区、曝晒区，还要适合地域气候，以及降雨、干旱、霜冻、高温和风速等。在材料选择方面，应指定那些有长期性能检验记录和使用寿命较长的材料（Miller，2009b）。

在更深的层面上，设计细节应该服务于预期性能，无论是雨水保持、精美的外观，还是其他目标都应如此。本章随后会谈到几种不同的设计范式，但是有些大体要点需要牢记在心。例如，在项目中建造绿色屋顶都是为了达到一项或者多项环境效益，因此比较保险的做法是业主或设计师通过最小的投入，包括材料和人工，使生态效益最大化。无论哪种设计范式，在很多情况下最简单的设计就是最好的。

设计团队和建筑业主同样也需要权衡不同设计选择。例如，如果选择的植物配置需要灌溉系统，就不仅意味着增加设计和安装的成本，还需要长期的投入：系统需要定期检测和调整，从而提高了养护成本。灌溉会为屋顶杂草提供适宜的生长环境，这是另一个需要考虑的问题。水对某些地方而言是有限的资源，而且大多数灌溉系统使用的塑料增加了项目的生态足迹。LEED认证在某些方面不鼓励植物定根后还需要灌溉。这并非说项目中不能设计长期的灌溉系统，只是应该慎重考虑，而且客户应该全面了解不同设计选择意味着什么。关于绿色屋顶灌溉系统的更多内容，请阅读本章后面的"特殊的设计考虑和挑战"。

同样，在设计中使用未经验证的构件或者通常不在绿色屋顶生长的植物时，应该明确告知客户其实验性的本质。发明者、网站或销售员吹嘘的那些未经检验的构件往往名不副实。即使是耐旱植物或者是稍加打理就能在地坪上茁壮生长的植物也可能不适用于屋顶环境。仅凭直觉并不足以判断是否能用未经验证的材料和植物，除非项目本身带有明确的实验目的。

最后，设计细节应该考虑到绿色屋顶长期维护可能需要的所有活动。不作为休闲活动空间的屋顶，也需要考虑到能让维护人员进入。没有灌溉系统的屋顶，在植物定植期间或长期干旱时还是需要水。维护工作还需要人力资源。屋顶上种植了那些会产生大量干燥和休眠生物质的植物品种，例如较高的禾本科植物，如果维护人员在移除它们时不用担心弄脏客梯，维护工作则相对简单。

设计阶段需要考虑远期成本

经济性是设计选择中最重要的考虑因素之一。绿色屋顶高出的成本会被激励措施或者在它的保护下延长的防水膜使用寿命所抵消。但即使是没有精致设计和植物配置的粗放型绿色屋顶，其造价仍然比传统屋顶高出很多。高出的成本有些是因为装配较为复杂，但在有些情况下造价也许过于昂贵。

这种防霜水龙头能全年随时提供辅助灌溉所需的水源。

因此很重要的一点是，在设计过程中必须记住维护工作是绿色屋顶成功和控制造价的关键，特别是在植物定植期间。业主应该为维护工作分配合理的工程预算。设计和植物配置越简洁、可靠，维护工作就越简单，成本和人工开支也就越低。可以将绿色屋顶做成相对低维护的设计，特别是在植物定植以后，而忽视或者怠慢维护工作只会招致更多的问题。

写好设计说明

设计说明是施工项目中涉及的材料和步骤的书面技术细节。它是设计工作的绩效标准，决定着在施工期间材料和步骤可以做哪些改变（Harris，1988）。设计说明或是以绩效为基础，或是具有规范性，后者要求项目的每个部分都使用特定的产品、制造商、销售商或者承包商。绿色屋顶项目的设计说明应包括：

- 项目综述，包括工作范围和相关部分的参考资料；
- 标准的定义和参考资料，例如FLL指南[1]和ASTM标准[2]；
- 性能要求；
- 递交材料，包括产品数据、施工图和样品；
- 材料的运输、储藏和现场处理程序；
- 质量保证程序，包括现场管理、产品数据、实验结果、对代替产品的限制和制造商关于防水膜与绿色屋顶系统兼容性的认证材料；

1　译者注：FLL为德国景观研究协会，全称为Forschungsgesellschaft Landschaftsentwicklung Landschaftsbau

2　译者注：ASTM为美国材料与试验协会国际组织，全称为American Society for Testing and Materials

- 安装程序，包括场地准备、视察、地面准备、安全措施、防水膜保护和种植；

- 维护要求。

正确地编写绿色屋顶的设计说明需要理解每个构件的功能，以及系统中不同部分如何共同工作。绿色屋顶的设计说明中不应该指定不必要的构件，例如为图省事选择专有系统；也不能不加详细说明，导致无法达到预期性能，例如设计师忽略对陡坡水力影响的说明，可能会影响相关性能。设计师不应照搬照抄不熟悉的设计说明。尽管编写详细的设计说明需要大量的时间和精力，这在大型项目本来就紧张的节奏中更显缺乏，但是拙劣的设计说明会影响绿色屋顶的性能，甚至导致项目以失败告终。它还会导致承包商投标报价不切实际。

设计说明应详细、清楚，以便采购并使用合适的构件，制止使用不合适的替代产品，优化性能，明确维护和维修的责任。对于从事绿色屋顶和项目其他方面工作的、繁忙的专业人士和商务人士而言，这似乎是一种不合情理的负担，但是从业主的利益出发却应坚持如此，因为施工文件是项目法定记录的一部分，也是出现错误时唯一的求助渠道。

没有明确指定性能指标的设计说明存在一定的风险，可能导致性能达不到设计目标，从而无法使业主满意。"如果性能指标不明确，当发生问题时，合同中只注明'提供土壤'，你就没有可依赖的参考，"景观设计师杰弗里·布鲁斯（Jeffrey Bruce）说。"或者是'支持植物生长的土壤'，这是什么意思？海藻也是一种植物，它能满足设计说明的意图么？为性能做好定义非常重要，应该将其写进合同，或者作为应该遵守的程序。"

下面的样品说明（由Roofscapes友情提供）举例说明了如何提出性能要求：

绿色屋顶覆盖系统应：

1. 支持多年生地被植物的生长；

2. 能够有效地排放掉植物生长所需以外的多余水分；

3. 保护屋顶防水材料不会受到紫外线照射、物理损伤、温度快速波动的破坏；

4. 参照ASTM E-2397标准，能够保持1英寸（2.5cm）的最大含水量；

5. 参照ASTM E-2397标准，系统在潮湿时的静荷载不应超过每平方英尺20磅（97.6kg/m^2）；

6. 保修期内性能持续满足设计要求，且无需补充和更换基质。

本书最后一章中提供了一份完整的绿色屋顶样品说明。

项目施工团队也需要详细的设计说明，包括设计细节在现场的实施，例如检验和表面处理等。施工人员可能不熟悉绿色屋顶的构件，因此安装纤维织物和排水板需要详细的说明以保证材料正面朝上、搭接正确。设计说明应详细解释什么时候安装完成？什么时候开始进入维护阶段？什么时候植物定植完成？因为这些术语在业内并没有明确的定义。

然而，现实情况是大多数绿色屋顶的设计说明都不是特别详细，在大型、复杂的新工程项目中尤其如此。在生长基质和植物等材料选择方面所需承担的责任也没有全部被认真履行。肯·海森堡（Ken Hercenberg）指出，通常的方法是主设计师在绿色屋顶设计中细化总包商的责任，并指定屋顶安装公司和植物供应商进行合作，从而明确唯一的责任方。但是这种责任代表应建立在成功项目培养的良好合作关系之上，而不是因为不愿意纠缠于技术细节而为之。"我们可能不是土壤工程师，但我们会与口碑良好的专业公司进行合作。"屋顶安装公司董事长吉姆·斯塔姆（Jim Stamer）解释到。

施工文件是否被适当地互相参照也同样重要，这样才能让项目团队知道在哪里能找到绿色屋顶设计的所有细节。由建筑规范协会（Construction Specification Institute）构建并被广泛使用的Master Format系统中，屋顶建造的内容在第7部分（热工与防水），而大部分景观细节在第32部分（室外工程）。因此，项目团队不应只关注第7部分内容，还需要关注第32部分绿色屋顶的种植设计与维护说明等内容。而习惯于做地面景观工程的分包商则可能不会注意到第7部分相关的内容，如纤维织物或者是排水板等。

安装过程

至今绿色屋顶并没有被设计和施工行业很好地理解，希望项目团队从设计到安装全程参与只是一种理想的状态，往往不能实现。特别是在设计之后对外招标的项目，决策的重要性以及材料或途径的选择方法的缺失，带给项目的将是令人遗憾甚至灾难性的结果。

我们不可能预测或者解释施工阶段可能遇到的每一个问题。有时候意想不到的情况会影响项目的进展——公路封闭会导致植物无法及时送到，或者运输公司没有送来植物，而是错把汽车部件送到了工地。但是很多问题可以通过缜密的计划、良好的沟通和对细节的关注得到有效预防。业主应该考虑通过进一步的防范措施尽量保证高效高质的安装，同时体现出设计整体的所有要素。

安装过程中保证设计的完整性

再好的设计如果没有正确地安装也会导致性能不达标或者整

体失败。在安装阶段，关注细节和质量控制也很重要，这会保证项目完成后能满足设计意图。

抵制不恰当的价值工程

价值工程总是和降低成本联系在一起，尽管其本意并不以降低质量或功能为代价（Johnson，2007）。在当今的经济环境下，减少不必要的开支是合乎情理的。但是当类似于绿色屋顶这样的新技术还不能被每个团队成员充分理解时，最好不要改变设计说明中规定的内容。例如，一些承包商对绿色屋顶种植基质的属性不熟悉，他们可能会认为在施工期间使用工地挖掘出来的土壤是节省成本的好方法。或者一些承包商仅熟悉地坪景观项目，他们会在不清楚屋顶种植环境要素的情况下就修改植物清单。

在很多大型、复杂的建设项目中，对于通常处于施工最后阶段的景观工程，有时经过多轮的成本削减，以及被认为仅涉及美观性的原因，会极大地受到价值工程的影响。项目中景观设计的范围可能会大幅减少甚至完全取消。这种变化同样会影响到绿色屋顶，即使它的设计具有明确的功能性。"如果将绿色屋顶从项目中取消，并将其归入雨洪滞留池的行政许可中，多数情况下你将不得不修建一个巨大的滞留池。"杰弗里·布鲁斯说到。

总承包商在施工期间总是会寻找减少成本的机会，但他们也许并不熟悉生命系统的特征和需求，因此总是觉得生长基质相对于堆放在工地上等待运走的土壤而言过于昂贵。不是每个人（包括业主在内）都有资格决定某一构件合适的替代物。缺乏绿色屋顶经验的人可能认为不同型号的构件（如排水板）之间区别不大，因此不论哪种都可以作为关键构件的替代品，但实际上它们的性能特征千差万别。

要杜绝使用不合理的替代产品，就需要有详细的设计说明，施工团队中的所有成员也要清楚构件需要达到指定的性能标准并与其他构件相互兼容，以便使系统功能良好。

进行适当的场地分析

绿色屋顶的场地分析（特别是翻新项目）与地坪项目的关注点是不同的。一些物流工作，比如大量生长基质的运输、场地内的堆放和搬运到屋顶，对于传统屋顶或景观项目而言并不是问题，但在绿色屋顶项目中却至关重要。

有些看起来过于明显不用详述的方面很容易未加注意或被忽视。在计算屋顶荷载能力的时候，要将施工期间存放重物的区域的额外荷载包括在内，例如装在大麻袋里或者堆放的生长基质。准备好工具以便清理施工现场，避免碎屑破坏防水层。确保施工人员有防摔落的保护措施或者其他安全装备。

如果你考虑使用吊车或者其他重型设备将材料送上屋顶，事先要研究清楚需要哪种许可和有什么限制条件。特别是城市地区的翻新项目，要注意架空的电线等基础设施是否会影响这些设备

用田间土壤或其他材料替代生长基质是不正确的做法，从长远来看反而会浪费金钱。如果土壤不能支持特定植物的生长，就会导致植物死亡。所以还需要对基质进行测试、补充，或者移除和替换。

的使用。

协调施工流程保护绿色屋顶

因为绿色屋顶的设计与安装融合了多个学科，并且在新的建设项目中总是处于施工流程的后期阶段，所以项目团队之间的交流与协调非常重要。防水膜在整个安装过程中都需要加以保护。如果基质在运送到屋顶之前需要临时存放在施工场地，则必须防止杂草种子或者其他污染。如果设计有灌溉系统，则需要确保负责其他方面的承包商知晓需要在后期施工中对其加以保护。

植物是建筑施工流程中少见的部分，因此在运输、保存和栽种过程中需要特别关注。绿色屋顶植物和地坪景观项目中的植物也不同。例如，它们不会被种在单个的容器中。有关为绿色屋顶项目指定植物的更多信息，请参见第2章的"指定常见的绿色屋顶植物"。

如果指定使用插枝或者植物垫，那就要留意送货的时间，以便在植物送达时组件已做好种植的准备。如果指定使用的是穴盘苗或预先培育成熟的植物模块，不能马上种植就位，则需要妥善存放。例如育苗盘不应该长时间堆叠在一起，导致植物

确保项目场地能容纳材料运输和升降设备，包括运输生长基质的大卡车和将麻袋吊装到屋顶的吊车。

如果在安装前不关注这些问题，你将无法使用合适的作业设备。将很多小袋装的生长基质搬运到电梯上既不方便，又效率低下。Bill Cohen摄影。

不见阳光、空气流通不畅。这就需要较大的空间将育苗盘铺开放置，或者紧凑安排日程以确保它们送到场地时就能马上进行安装。

现场需要一位知识渊博的代表

再好的设计、再详细的设计说明，如果施工期间缺乏现场质量控制，都将以失败告终。从业主的利益出发，整个过程中需要有一位业主代表、项目经理，或者施工管理员在现场把关。尽管这样做会增加支出，但是失败的代价也很高，特别是大型项目。

绿色屋顶的失败可能不会马上呈现，因为如果生长基质不合适或者排水构件安装不当，植物可能一直无法定植或者慢慢死去。到问题趋于明显的时候，可能就不得不拆卸绿色屋顶查找原因。即使那时找到原因，可能施工团队也已经离开了，划分责任会是一件非常困难甚至不可能的事。而经验丰富的业主代表却能够阻止这种情况的发生。

无论他（她）的头衔是什么，这个角色必须理解绿色屋顶是如何安装的，并且非常熟悉项目的设计说明。这位代表或者经理不一定是设计各个方面的专家，但是他或她必须能评估潜在的问题，做出决定，并知道找谁咨询技术问题或者确认构件是否满足某项标准。

排序和沟通至关重要，如果绿色屋顶不能在工程最后安装，那么其他承包商就不能将其作为存储或者暂存区域。特里·麦克格莱德摄影。

所有的绿色屋顶构件，包括织物在内，都必须安装得当。否则，织物将变得松弛，最终破坏整体的稳定性。

为长期性能和成功做准备

对很多客户而言，绿色屋顶的卖点之一是它的持久性。在绿色屋顶广泛使用的地方，如德国，已经验证了它们能够延长屋顶防水膜的使用寿命（Porsche and Kohler，2003）。在选择植物和材料的时候，设计师需要考虑到绿色屋顶长期的潜在使用年限，从几十年的时间而不是几个季节的角度来考虑问题。大多数业主不会愿意定期更换大量的植物，或者拆卸组件以更换部分不耐用的构件。

为使持久性效益、雨洪管理性能和更多主观效果（如吸引人的外观）最大化，绿色屋顶必须达到一种平衡状态，在较少干预的情况下能够自我维持。种植耐寒多肉植物的粗放型绿色屋顶通常需要两年时间才能达到这种状态；其他植物配置需要的时间可能更久。有些设计，如使用几何形态的种植布局，或者采用能够蔓延或者自行播种的植物品种，将需要持续不断地高度维护以保持始终如一的外观。关于不同绿色屋顶设计需要投入的精力，请参见本章后面对不同设计范式的讨论。

定植阶段：维护是关键

在大多数景观项目中，绿色屋顶植物的种植最好在其幼年阶段，因为这时它们更容易适应新的环境。大多数绿色屋顶植物通常需要一年至两年时间成熟和覆盖大部分屋顶绿化区域。粗放型绿色屋顶的维护工作主要集中在这个定植阶段，之后系统应该能够适度地自我维持。因此这一阶段的屋顶管理工作将决定其长期的成败。

定植阶段的日常维护工作主要是清除杂草和关注新添植物的健康状况。绿色屋顶早期阶段的定期维护工作非常重要。如果在秋季种植，并且生长基质也没有被杂草污染，那暂时不会有太多除草工作。但如果在春季种植，那前几周内则需要经常维护，并且在整个生长季中都要定时检查以防止那些常见的有害的杂草发芽，这样可以有效地控制新生的杂草。了解绿色屋顶常见杂草的生命周期对提高维护工作的效率非常有帮助。

详细说明维护工作

一些安装商将一年或两年的维护工作作为合同中的标准条款。也有些案例是由业主即刻接管屋顶，并将维护工作指派给驻场人员或者分包商。无论工作分配给谁，在项目的设计说明中明确定义维护责任都至关重要。

如果由安装商负责定植期间的维护工作，那也应该为维护计划定义明确的细节。例如，如果项目中有一个平台，那么维护工作是否包括清扫铺装地面和清除铺装嵌缝中的杂草？这可是件耗时的工作。或者要给所有种植区域除草？在设计说明中应详细说明类似的问题。

为定植期的结束尽可能明确地设定目标，这将非常有帮助，例如，两年后达到80%或90%的植物覆盖率。然而，要确定这样的目标很困难。如果大部分屋顶都完成植物覆盖，但有一处却很稀疏怎么办？在动态的环境下"没有杂草"如何定义？要想在合适的时机相对容易地解决问题，应有精心撰写的设计说明、良好的交流沟通、经验丰富的维护团队，以及灵活对待每个独特的、不断变化的景观项目。

如果业主选择即刻接管或在植物充分定植之前接管绿色屋顶，设计师和安装商应将所有必要的信息转交给驻场人员或分包商，以便于定植期间和日后的维护工作。交付的材料至少包括植物清单；建议浇水、除草和施肥的日程表；保留的排水管道或其他系统的说明，例如灌溉管线（如果安装过且功能正常）。

刚种植的穴盘苗在其根系适应新的环境之前非常脆弱。裸露的生长基质易于杂草生长。

三个月后，植物适应了新的环境并开始生长和蔓延。

长期关注

绿色屋顶如同其他景观工程一样，即使达到相对未定的阶段，仍然是一个动态的系统，每年都会随着季节的变化而不同。虽然设计师在项目完工后投入到下一个项目中是很自然的事情，但是所有的景观项目都值得持续关注。哪一种植物易于适应这种场地环境？哪一种则很难？非生命的材料是否能达到广告中宣传的性能？类似的观察、相应的改变和对变化的记录不仅能帮助绿色屋顶保持良好的状态，而且能为后续的设计项目提供信息，并从各方面提高设计质量。

这一点对粗放型绿色屋顶确实如此，因为它们至少在北美地区是新的技术，而且设计有如此之长的使用周期。当设计师和安装商经过长期的经验积累和通过一些项目不断尝试在不同的气候、微气候情况下什么样的绿色屋顶表现更好，必然会遇到许多问题。北美地区缺乏成熟的绿色屋顶产业，这带来了很多不利因素，但是同时也具有有利的一面：市场欢迎更多的创新。

在欧洲，绿色屋顶是标准化的实用产品。而北美这里正需要这种便宜、实用的绿色屋顶，而且可以做得更好——优化雨洪管理性能；提高能源利用效益；辨识大量能在屋顶存活的植物，从而使濒危的授粉植物和其他野生动植物受益；或者提高设计的性能表现。

学术研究将致力于这些潜在的改善措施，而那些长期关注屋顶并愿意分享经验的设计师和业主也能提供一些重要数据，或者将他们的经验传授给后续的项目，并分享信息。哪些植物在炎热、漫长的夏季进入休眠状态？哪些植物能快速定植，提供覆盖，但后期又让位于优势种？生长基质在几年后是否能保持其物理属性，还是会逐渐减少、透水性降低？即使是仅在极端条件下才使用的灌溉系统是否有益于绿色屋顶的持久性？最优秀的绿色屋顶设计师和安装商会承担起绿色屋顶成败的责任，即使合同中的强制性条款已经失效。他们中的大多数还是愿意尽可能地为自己的项目提供维护。他们从成功和失败中学习，不畏惧自我挑战。他们将推动绿色屋顶产业的发展。如果你是设计师，那么你应该效仿他们。如果你正在寻找设计师，那么你应该雇用这样的设计师。

绿色屋顶设计范式：简约式粗放型绿色屋顶

大型的绿色屋顶建设可能最适宜采用最基本的设计范式：粗放型绿色屋顶——用最薄的基质支撑有限的、顽强的植物品种，从而在长时间内尽可能做到自我维持。

简约式粗放型绿色屋顶有几个共同特征：随机种植混合的耐寒多肉植物，而且在大多数情况下组件相对简单，包括植物、生长基质、排水管和根障（如果需要）。简约式粗放型绿色屋顶的优点包括：成本相对低廉（在一些市场，只需要10美元/平方英尺或者更低的价格）、重量相对较轻、定植后的维护工作相对较少，以及在大多数气候条件下，大约3～4英寸（7.5～10cm）的基质就能达到较好的雨洪管理性能。当然，它也有些缺点：植物品种较少，意味着生物多样性较低，以及有限的设计选择。另外，特别薄的屋顶可能不具备雨洪管理功能。

在项目中可以使用简约式粗放型绿色屋顶以满足雨洪管理法规；避免在特定场地条件下依赖其他不可行、造价昂贵或不能令人满意的雨洪管理选择；有助于获得LEED认证；获益于绿色屋顶建造相关的激励政策。它是一种为现存的建筑做翻新项目的现实选择，这种绝佳的方法用相对合适的成本能达到较好的生态效益。

有些情况下，基本的绿色屋顶虽然在纯功能方面表现良好，却是项目中不必要的元素，只是为了遵守法规或其他要求而建造。但纯功能性绿色屋顶的成本与普通屋顶大致相同，或者甚至会减少项目成本。例如，在高密度城市，绿色屋顶是地下混凝土水箱等传统雨水基础设施的替代措施。"那些混凝土水箱需要支撑和保持大量雨水，因此很重，对结构和防水要求很高，"屋顶安装公司董事长吉姆·斯塔姆（Jim Stamer）说道。"你可以用差不多的成本安装一个绿色屋顶，它们的持水量差不多。"斯塔姆补充说，即使屋顶没有设计成经常使用的上人屋顶，对业主而言它仍是具有市场价值的资产。

以美国巴尔的摩的一处希尔顿酒店为例，它位于城市会议中心比邻的一块约5英亩（2公顷）的场地中。由于这处场地过去是不透水的，城市管理当局为了提高雨洪管理效益，想将这块地的透水面积提高到20%。原始设计达到了这一要求，他们在尤托街

这个德国的简约式粗放型绿色屋顶已有15年历史，这一类型的绿色屋顶主要用来控制雨洪，或者提供其他功能。

（Eutaw Street）下方建造了大面积的砂滤层，还在地面做了一小块种植区域。

然而，在设计深化阶段，项目团队发现道路下方的空间不足以经济高效地实现设计方案，因此他们改为修建一块占地32000平方英尺（2973m²）的绿色屋顶用于雨洪管理。绿色屋顶的安装没有使用植物模块，而是采用了现场施工，最终这些组件的成本比原来的砂滤层设计更加低廉。安装商迈克尔·菲比施（Michael Furbish）说希尔顿公司对结果非常满意，因为绿色屋顶不仅经济可行，而且加强了希尔顿公司秉承可持续发展理念的良好形象，同时使从房间看向棒球馆的景色更加宜人，对很多会议组织方而言，也满足了他们需要一些绿色景观的需求。客户清晰的目标帮助设计团队选择了正确的解决方案。

充分利用有限的设计选择

粗放型绿色屋顶的主要缺点在于缺乏设计选择。大多数基本的绿色屋顶看起来都一样。有些人觉得粗放型绿色屋顶干净、整洁的外观很漂亮，特别是在维护得当、没有杂草的情况下。而有些人却觉得仅仅简单种植耐寒多肉植物的屋顶在视觉上过于单调，可以使用多种耐寒多肉植物品种来增加肌理和色彩。在剖面较薄的屋顶上，如果安装穴盘苗而不是插枝，就能种植出精细的图案，但是需要花费更多成本、人力和维护工作，因此这种方法被归到其他类别中。

绿色屋顶是位于宾夕法尼亚州东南的Swarthmore学院学生宿舍的特色之一。2008年安装在戴维·坎普礼堂（David Kemp Hall）较高位置的绿色屋顶与校园内较低位置的绿色屋顶相比，可见度和可达性都更少一些。为了节省成本和简化维护工作，这

巴尔的摩市希尔顿酒店的绿色屋顶具有雨洪管理功能，这使这一比邻会议中心的服务设施具有很好的市场优势。图片由菲比施公司提供。

些地方仅种植了混合的景天属插枝。然而这15种不同品种却令屋顶具有特别的吸引力。

减少失误

最基本的绿色屋顶另一个潜在的问题是在一个简朴的系统中，任何设计、说明或者构件方面的不足都会产生较大的影响。粗放型绿色屋顶的设计和外观都相对简单，因此每一个构件都必须达到其必要的功能，否则系统就有失败的可能。经验丰富、知

尽管除维护之外，屋顶并不上人，但却可以从酒店的很多房间内看到它。

现在客人们从房间内向Camden Yard棒球馆眺望时还能欣赏到绿色屋顶的美景。图片由菲比施公司提供。

识渊博的项目团队是质量和价值的保证，他们可以准确评估场地条件，并据此进行合理的设计。

绿色屋顶设计师安吉·杜尔曼（Angie Duhrman）在被邀请到热湿的美国南方腹地开始那里的首次设计之前，她已经有了丰富的项目经验。这也将是阿拉巴马州伯明翰第一个绿色屋顶项目。为了将成本控制在预算之内，并通过少量投入获得LEED认证，设计团队决定采用生长基质不超过4英寸（10cm）的粗放型绿色屋顶系统。这个大型屋顶的植被覆盖面积超过83000平方英尺（7719m²），因此承重能力也是考虑因素之一。

尽管杜尔曼具有园艺学的学术背景，但她还是咨询了当地的种植者以选择最适合场地条件的耐寒多肉植物品种，因为伯明翰的夏季气温经常超过90华氏度（32℃），而且降雨量的变化也很大。这位种植者在几年前为自己安装过绿色屋顶，因此非常熟悉哪些植物品种最合适。最终她定制培育了12个景天属（*Sedum*）和露子花属（*Delosperma*）品种。

位于Swarthmore学院戴维·坎普礼堂上的绿色屋顶种植了混合的景天属插枝，它们迅速定植，以低廉的成本增添了多种色彩和肌理。这张照片是种植一年后拍摄的。

尽管建筑和屋顶防水层在2007年4月已经完工，杜尔曼还是说服业主和总包商等到9月下旬才安装剩下的组件和穴盘苗，以便为植物定植提供更适合的条件。然而，第二年的气候极其干燥。屋顶没有安装永久性的灌溉系统，只是在这期间为植物浇水。吉姆·伯顿负责监督五年合同期内每季度一次的维护工作，他认为植物定植得很好。在春秋两季时，维护人员还使用插枝的方法填补裸露点。

有经验的设计团队、专业的供应商和项目所需的定期维护并没有过多增加成本。杜尔曼回忆，整个覆盖层加上维护合同，每平方英尺造价约11～12美元。

挑战基本设计极限

即使是这种实用的设计范式有时也要做出选择。你想要绿色屋顶获得许可，拥有良好的雨洪管理性能，以及造价最低廉或质量最轻，但这些优点也许无法同时兼具。尽管这不是一个零和游戏，但对基本的绿色屋顶而言，挑战某方面的设计极限很可能会对其他方面造成影响。

轻质设计

在翻新项目中，重量可以说是决定能否建造绿色屋顶的关键。有时可以通过设计解决这个问题。减轻系统重量的方法之一是尽可能减少剖面的厚度，可以使用较少的生长基质并尽量限制材料与层数。这种方法的代价是严格限制了植物配置和削弱了雨洪控制性能。但是很薄的绿色屋顶经过仔细规划和采用现实的方法也能存活甚至生长旺盛。

158页，上：阿拉巴马州伯明翰的这个绿色屋顶是设计师在如此湿热气候下的第一个项目。Tecta摄影。

158页，下：本项目的其他部分在春季已完工，但是绿色屋顶组件的安装一直延迟到秋季，这会使植物更容易定植。Tecta摄影。

159页，左：咨询了当地种植者后，有12个景天属（*Sedum*）和露子花属（*Delosperma*）品种被选出并为项目定制培育。Tecta摄影。

　　当弗吉尼亚州瀑布教堂的环保主义者珍妮特·斯图尔特（Jeanette Stewart）努力改善她的共管社区的环境时，绿色屋顶显然是一个不错的选择。然而她遇到一些障碍，包括结构限制和缺少长期维护的资源。她到处寻找最轻薄的绿色屋顶系统，并且将植物配置限定在一些生命力顽强的景天属品种中，最终绿色屋顶达到了她的严格要求和使用需求。

　　这是一个20世纪60年代位于Yorktowne 广场的社区建筑群，它的最大承重能力仅为每英尺15磅（73.2kg/m²），这比一些最简单的绿色屋顶组件的重量还轻。斯图尔特考虑使用的第一套系统重量达到了极限，她和制造商都觉得不是很满意。经过进一步研究，她找到弗吉尼亚滩（美国弗吉尼亚州东南部城市）Building Logics公司的绿色屋顶组件，这套组件在充分绿化和饱水的情况下仅重每英尺13.5磅（65.9kg/m²）。之所以重量如此之轻，部分原因是采用了一种防水膜，它不需要独立的根障和能够快速排掉大量雨水的排水系统。另一个关键因素是它的生长基质只有2英寸（5cm）的厚度。

没有多少植物能在如此严峻的环境中存活。因此只种植了白花景天（*Sedum album*）、六棱景天（*S.sexangulare*）、反曲景天（*S.reflexum*）三种生命力顽强的品种。虽然从未浇水，但是植物的定植情况良好，它们在2003年安装完成不久后的一场飓风中存活下来。即使在当地炎热干燥的夏季，它们仍然保持良好的覆盖效果。因为屋顶不容易上人，除在首次生长季中清除了杂草外，再没有进行过其他的维护，但是严峻的条件却控制了杂草的生长。

承重能力是翻新项目常见的问题。这个20世纪60年代的共管综合体建筑只能承受每英尺15磅（73.2kg/m²）的重量，因此业主必须使用最轻的绿色屋顶系统。珍妮特·斯图尔特摄影。

这么薄的绿色屋顶没有理想的雨洪控制效果。但是斯图尔特安装了950加仑（3610L）的蓄水池用于收集绿色屋顶和社区内另一个传统屋顶的雨水径流，考虑到设计的局限性，它的效果还是很不错的。一位监测雨水径流的研究生发现，在2007年夏季

只有少数几种植物能在仅2英寸（5cm）的生长基质上存活，因此这里的植物配置仅有3种景天属植物。珍妮特·斯图尔特摄影。

在这种简朴的系统上，优点是大多数杂草很难存活。虽然周边吹来的树苗会发芽，但很快就会因为缺少水分和养分死掉。琳达·麦金太尔摄影。

的一个月中，例如，对于大多数小于0.5英寸（1.25cm）的降雨，径流量减少了85%。

为了减轻重量，园艺师兼模块化绿色屋顶系统设计师大卫·麦肯吉（David MacKenzie）通常用他公司的绿色屋顶模块来解决生长基质厚度的问题。他们的系统填充了4英寸（10cm）厚的基质，在水分饱和的状态下重量约每英尺30磅（146.4kg/m²）。为了减轻重量，他会增加一层轻质填充物并将基质厚度减少到2.5英寸（6.25cm）。

麦肯吉在密歇根州西部的一个交通枢纽的屋顶使用了这一方法。前一个绿色屋顶的安装以失败告终，但是主要归咎于结构的限制，没有太多余地提供更好的园艺环境。

麦肯吉说，这样的改变有时会影响植物配置。例如，他不会将较高的景天属植物［例如"秋天的喜悦"（Sedum 'Autumn Joy'）种植在厚度仅有2.5英寸（6.25cm）的基质中］。相反，他会选择高度相仿、颜色效果类似的葱属植物。另外，较薄的基底使灌溉系统必不可少。麦肯吉说，在美国许多地区的炎热夏季中都需要定期使用灌溉系统。

低成本设计

绿色屋顶咨询师彼得·斐利比在美国开始自己的事业之前曾在德国工作过。他说，随着绿色屋顶构件和系统越来越标准化、稳定可靠，市场将变得更加高效，价格也将下降。他认为供货商和安装商之间的竞争和运输方法的改善，例如德国和瑞士使用的更加精密的气动风机卡车，也将使北美地区绿色屋顶的价格更加实惠（Philippi，2006）。

但正如上文讨论过的阿拉巴马州伯明翰项目，优秀的设计不仅不会增加成本，相反还会降低成本。经验丰富的设计师有

密歇根州这个交通枢纽的前一个绿色屋顶干枯而死，但是建筑结构的承重能力不允许使用厚层的生长基质。

模块中安装了一层轻质填充物和不超过3英寸（7.5cm）厚的生长基质。植物的选择也谨慎考虑到它们在这种系统上的存活能力。

很多方法能在不影响屋顶功能、寿命和安全性的情况下节约资金。景观建筑师杰森·金（Jason King）能在保证安全的前提下减少项目中大多数金属镶边，使每平方英尺的成本节约2.5美元。他也努力寻找合适的当地材料以节省运输成本，同时提高生态效益。

单项的改进不一定能有效地节约资金，杰森·金说，但是在整个设计过程中考虑成本因素却能在某些项目中将每平方英尺的造价降低几乎一半。"材料成本的降低，无论对于在建的绿色屋顶还是项目的价值工程都会产生很大的影响。"设计师兼安装商克里斯·古德（Chris Goode）也同样说到，通过前期介入项目，他的公司指定了一种无需使用单独根障的防水膜，这使设计中省去了不必要的构件，从而节约了成本。他的公司能在纽约市以每平方英尺仅10美元的价格完成粗放型绿色屋顶的安装。当然，类似这样的方法只有那些全面理解这些修改方案对整体系统的影响的设计师才应该使用。

设计师兼安装商格雷格·雷蒙（Greg Raymond）给出相关的观点：如果能提供设计与建造全面专业服务的人数越少，成本就会越低。因为承包商的利润会使工程造价超出合理估价的两倍。雷蒙的公司为自己的项目和别人安装的绿色屋顶提供维护服务，他也说这一行业已经对设计方面产生了影响。他说，简化维护工作对业主而言意味着降低了绿色屋顶的成本。项目的维护工作也使设计师了解到哪些植物和设计能经受住时间的考验。

在欧洲，生长基质等绿色屋顶构件因市场竞争降低了成本。北美地区的成本也有望降低。

　　日益增多的激励政策和政府津贴同样也使绿色屋顶成为经济节约的选择。这需要在设计初期就做好研究工作。大多数绿色建筑的激励政策是由地方政府机构提供，此外，州政府或联邦政府机构和基金会也可能会提供。

　　例如，本章前面提到的弗吉尼亚州Yorktowne 广场不是一个奢华的社区，绿色屋顶的价格一开始看似遥不可及。然而，珍妮特·斯图尔特积极活动于各个地区环境组织，从他们的杂志中发现了为绿色屋顶项目申请资金的机会。她向地方和州立机构申请帮助，同时和地方非营利组织签订了基金托管合约。她的努力终于获得国家鱼类与野生动物基金会（National Fish and Wildlife Foundation）提供的5万美元和弗吉尼亚州自然资源保护与利用署（Virginia Department of Conservation and Recreation）提供的29000美元资助。这些额外的资助使绿色屋顶的价格与传统屋顶相比更具竞争力。

专业设备使构件的运输和安装更加简单高效。北美地区的安装商越来越青睐这种设备。

雨洪控制性能设计

除了为保证大暴雨时能够有效排水，又不会使植物经常面临脱水压力，很少会在设计中将绿色屋顶的性能精确化。现有的雨洪控制设计工具或模型很难预测出绿色屋顶的雨洪控制性能（EPA，2009a）。绿色屋顶的雨洪控制性能受组件中材料特性的影响，包括生长基质和排水层。但设计师能从研究和经验中总结出一些实用的结论。

例如，平式绿色屋顶总体而言相对坡式屋顶能保持更多的雨水径流（Getter et al.，2007；Taylor，2008），而骨料排水层也比合成材料排水片层的持水性能更好（Taylor，2008）。基于早期的数据，查理·米勒和罗伯特·博格阿格（Robert Berghage）说，在大型的绿色屋顶上，似乎径流路径越长雨洪控制性能就越好。增加基质的厚度也能改善保水性能（Van Woert et al.，2005；Wanielista et al.，2008），但是达到一定厚度之后，性能改善作用就会消失（Taylor，2008）。

大面积安装绿色屋顶能使一些效益最大化，比如显著减少雨水径流等。如果能计算最低成本可取得的最佳性能，这一切就很容易实现。

一些地方的雨洪管理法规对绿色屋顶基质的最小厚度和其他设计细节给出了规定或建议。如果雨洪管理对你的客户很重要，但是项目却不受此类法规约束，则可以从气候条件相似的地方管理部门的雨洪管理手册获取一些设计指南。

随后的讨论将展示对雨洪性能的考虑会影响到项目的底线。

增加基质厚度可以在一定程度上取得效果

按照宾夕法尼亚州立大学绿色屋顶研究中心罗伯特·博格阿格的说法，增加基质厚度对年度或月度雨水保持产生的效果比对单次降雨要有限得多，因为大多数降雨量都很小，没有几次会超过系统的储存能力，而且多数从绿色屋顶排出的径流都发生在冬季屋顶持续潮湿的情况下。

平式屋顶（坡度对雨水保持性能影响很大）在基质厚度介于1~5英寸（2.5~12.5cm）之间时雨水保持效益最大。从1%~2%提高到8%时将会有明显的不同，这可能有系统整体径流储存能力的50%之多，当然也取决于其他变量。但当厚度继续增加超过5英寸（12.5cm）时，效益反而会减弱。随着系统厚度由浅至深，基质中某一片层的持水量会迅速减少，但是当厚度增加更多时，这种变化却会越来越小——保水性能和基质厚度之间的关系是非线性的。

请记住这些并考虑以下假设情况。在降雨较多的月份，例如7月，美国大多数地区可能会有9场降雨活动，并具有以下特征：五次降雨量为0~0.5英寸（1.25cm），总降雨量1.25英寸（3.1cm）；三次降雨量为0.25~1英寸（0.63~2.5cm），总降雨量2.25英寸（5.6cm）；一次降雨量为2.4英寸（6cm）；月总降雨量5.9英寸（14.7cm）。

假设所有这些降雨间隔三至五天一次，屋顶系统在下次降雨前能够干透。如果2英寸（5cm）的屋顶平均能保持0.6英寸

（1.5cm）的雨水，那么这个月的保水量约为3.4英寸（8.5cm），或约为降雨量的57%。如果4英寸（10cm）的屋顶平均能保持1英寸（2.5cm）的雨水，那么一个月的保水量约为4.5英寸（11.25cm），或约为降雨量的76%。如果屋顶基质厚度达到8英寸（20cm），同样的情况它能保持约1.75英寸（4.38cm）的雨水，约占总降雨量的89%。

抛开屋顶的其他成本不谈，如果生长基质的价格是每立方码144美元，而每码在厚度为1英寸（2.5cm）的情况下能覆盖324平方英尺（30m²），那么每英寸厚的生长基质价格为0.44美元。保持57%月降雨量的成本为0.88美元，76%为1.78美元，89%为3.25美元。也就是说，保水量从0增加到57%的成本为0.88美元。接着增加19%保水量的成本同样为0.88美元，而再增加13%保水量的成本则需要再增加1.76美元。

当然大型降雨的计算方法有所不同。针对2.4英寸（6cm）的降雨活动，2英寸（5cm）厚造价为0.88美元的基质只能保持25%的雨水。4英寸（10cm）厚造价为1.78美元的基质保持42%的雨水。8英寸（20cm）厚造价为3.52美元的基质保持73%的雨水。但是北美大部分地区的降雨形式主要为小型降雨。

冬季，屋顶大部分时间都保持潮湿，因此针对各种降雨的保水量也有所下降，2英寸（5cm）深的屋顶大约能保持0.2英寸（0.5cm）的雨水，4英寸（10cm）深的屋顶大约能保持0.3英寸（0.75cm）的雨水，8英寸（20cm）深的屋顶大约能保持0.4英寸（1cm）的雨水。如果你使用相同的计算方法，你会发现过厚的生长基质并不会有更好的雨洪控制效益。

因此绿色屋顶能保持多少雨水取决于你提问的方式。通常情况下，出于雨洪控制的目的，基质厚度在3～5英寸（7.5～12.5cm）的屋顶似乎是成本和效益的最佳平衡。

绿色屋顶设计范式：绿色屋顶作为休憩空间

　　作为休憩空间的绿色屋顶相对于基本的粗放型绿色屋顶在美观度上提升了一步。这种绿色屋顶可能会提供座椅或聚会的空间，或者仅用作美化从一个窗口或比邻建筑望出去的风景。因为这类设计形式多变，因此很难总结出普遍特征。但是休憩式绿色屋顶可能以组合的方式包括以下内容：多种植物品种，可能包括一年生、多年生草本植物和禾本科植物；植物种植设计方案；堆高的生长基质，适用于不同的种植深度和微气候；如果建筑结构允许的话还有步行道、露台和座椅。

如果建筑能承受访客、家具和其他设施的重量，即使是简约式绿色屋顶组件和植物配置也能提供一个吸引人和舒适的休憩空间。

休憩式绿色屋顶与基本的粗放型绿色屋顶相比具有几方面优势。它们的外观更加生动、色彩丰富和富有质感。美观性和可达性也将增加建筑的价值和市场接受度。更厚一些的生长基质也会提高雨洪控制性能和节约能源。当然，它们也有缺点，比如成本高、系统复杂。为了保持设计的完整性，需要投入更多时间、人力和专业知识。

尽管使用乔木、灌木和色彩斑斓的多年生植物设计出一个漂亮的屋顶花园并非难事，但是要做一个优秀的粗放型绿色屋顶设计，就需要一些创意和心态的调整。粗放型绿色屋顶永远不可能像巴比伦的空中花园或者洛克菲勒中心一样。但是从基本的粗放型绿色屋顶提升到为使用者考虑更多一点的屋顶并不一定都会成为设计杰作。

以我们的目标，"休憩"意味着超于纯粹的功能。粗放型绿色屋顶在某些情况下也能成为屋顶花园（虽然没有灌木和乔木）。在符合结构和预算限制的前提下，粗放型和强化型空间也能在同一个屋顶上相结合以使绿色空间最大化。有时，窗外诱人的风景也是一种休憩。

将粗放型绿色屋顶作为屋顶花园

大多数粗放型绿色屋顶在设计中除必要的维护以外并不考虑常规的可达性。在建筑结构和预算允许的情况下，如果屋顶有集中的荷载区允许更多的访客和使用，就可以设计露台或者至少是步道。

常见的绿色屋顶植物不像精致的屋顶花园植物一样繁茂多样，但是粗放型绿色屋顶系统更轻，安装和维护的费用更低。相对硬质景观，它具有同样的效益，但却能使地表覆盖更吸引人，使屋顶空间更加凉爽怡人。

在宾夕法尼亚州东南部建造新的绿色总部大楼时，Dansko鞋业公司的领导希望能有一个可上人的绿色屋顶空间。但是他们又不想投入过多的资源。传统的屋顶花园被排除在考虑之外，后勤经理达莉亚·佩恩（Daria Payne）说道。这样将需要增加建筑结构的承重能力，因此建造材料也需要改进。这同样也需要投入他们不愿意付出的更多的精力、资金、维护所需的人力和各种资源（如水）。

Dansko总部大楼一个可以让雇员和访客进入的绿色屋顶。多肉植物和耐旱开花植物混合种植在4英寸（10cm）的生长基质中，基质下面是2英寸（5cm）的排水骨料。这是一种轻质系统，能很好地保持雨水径流，而且不需要太多维护。

上左：在多肉植物中混杂一些生命力顽强的多年生开花植物以增加季节性的色彩。

上右：从公司大楼的零售商店内可以看到的一小片区域设计种植较高的灌木，这样购物者就能瞥见一片绿色。

佩恩和她的同事想为员工建造一个休憩空间，共有三处绿色屋顶，包括一小块强化型空间用于在零售店外种植较高的植物和灌木，它们的主要目的是雨洪控制和节约能源。粗放型绿色屋顶的应用，包括最高的屋顶上建有露台和藤架的可上人空间，都很好地控制了预算。佩恩说它整洁漂亮，如果要增加一些花卉和赏叶植物，还可以加一些种植容器。"可持续的部分体现在资源管理，"佩恩说。"我们还有更加重要的事情要做，没有时间花费在需要高维护的景观上。"

上人屋顶的植物以穴盘苗的方式种植在4英寸（10cm）的生长基质中，基质下面是2英寸（5cm）的排水骨料。另一个独立的不上人屋顶则是以插枝的方式种植在2英寸（5cm）的生长基质和2英寸（5cm）的排水骨料上。零售店的强化型屋顶有6英寸（15cm）的混合生长基质，基质下方是4英寸（10cm）的排水骨料。排水骨料同时也用作露台和边缘铺装的垫层材料。屋顶在2008年年初就全部安装完毕，而且至今功能良好，外观也不错。上人屋顶的穴盘苗在第一个生长季期间就快速完成了定植，使屋顶空间即刻就拥有了诱人的外观。

Dansko的一些访客来自其他想要建造绿色屋顶或者屋顶花园

的机构。"他们觉得，啊，谁会只想要景天属植物？太乏味了，"佩恩说。"他们想要一些更加令人心动的植物，例如灌木和禾本科植物。然后他们看到我们的屋顶，只需要一点点常规的维护，几乎每个人离开时都看到了新的视野。"

宾夕法尼亚州立大学的一个绿色屋顶采用了类似的设计手法。在一个区域建造了荷载力更强的平台。同时在此处铺上了更深的生长基质，这样负责维护整个绿色屋顶的学生们可以在这里

宾夕法尼亚州立大学的这个绿色屋顶设计方便学生对植物进行研究和维护。

屋顶上大多是多肉植物，但有一个区域能安装更深一些的系统和多样化的植物配置，包括多年生的开花植物。

纽约市一个邮政所建筑的绿色屋顶提供了充足的座位。种植在容器中的乔木用结实的柱子支撑，最终它们会形成树荫。屋顶大部分采用基本的设计，这既降低了成本又能控制雨洪径流，同时还提供了一大片低维护的植被覆盖区域。琳达·麦金太尔摄影。

尝试种植和监测不同的植物。当承重能力不受限制，但预算有限时，小面积基质较深的强化型种植区域能为以常规多肉植物为主的屋顶增色不少。

扩展植物配置

为粗放型绿色屋顶增加一些吸引力的最简单的办法是调整植

物配置。这就和交播标准的景天属植物一样简单。

2008年纽约市哈得孙河边的一个住宅翻新项目的关键是重量轻。安装商Goode Green将不超过2英寸（5cm）厚的生长基质覆盖在不需要独立根障的防水膜上。景天属植物以穴盘苗和插枝的方式种植，在这种极端的环境下这是一种显而易见的选择。但是为了满足业主对明亮色彩的喜好，交播了类似于须苞石竹（*Dianthus barbatus*）、野罂粟（*Papaver nudicaule*）和黑心金光

哈得孙河边的这个绿色屋顶必须很轻薄。景天属穴盘苗和插枝与野花交播在一起。图片由Goode Green提供。

色彩丰富的屋顶令业主很满意，同时又很容易维护。图片由Goode Green提供。

类似于风铃草属植物（*Campanula*）、飞蓬（*Erigeron glaucus*）、夏枯草（*Prunella vulgaris*）、膜萼花（*Petrorhagia saxifraga*）、岩石竹（*Talinum calycinum*）、石竹属（*Dianthus*）和葱属（*Allium*）等多年生开花植物在绿色屋顶系统上的种植效果很好。

菊（*Rudbeckia hirta*）等开花植物的种子。

屋顶植物在前两个生长季枝叶繁茂，业主对葱郁的屋顶外观感到非常激动。丽莎·古德（Lisa Goode）说，以至于他们计划每年春天将景天属植物进行修剪以留出足够的空间给野花。

增加系统厚度是另一个策略。加厚的生长基质通常能支持更多植物品种，一旦你不再考虑耐寒多肉植物，就更难归纳出合适的植物品种。类似岩石竹（*Talinum calycinum*）和葱属植物（*Allium*）等一些颜色丰富且耐寒的开花植物非常容易与常见的粗放型植物配置融于一体；而一些类似膜萼花属（*Petrorhagia*）、石竹属（*Dianthus*）、草夹竹桃属（*Phlox*）、风铃草属植物（*Campanula*）、香科科属（*Teucrium*）、委陵菜属（*Potentilla*）、蓍属（*Achillea*）、夏枯草属（*Prunella*）、堇菜属（*Viola*）和牛至属（*Origanum*）等浅根多年生草本植物也能在粗放型绿色屋顶上使用，但要取决于区域气候条件和场地日晒情况。灌溉系统能进一步增加种植品种的范围，但同时也加大了除草的压力。

当位于匹兹堡市中心的历史建筑金贝儿百货商店在闲置了十几年后开始修复时，H.J. Heinz公司想选择顶层作为他们的行政部门办公室。这些办公室有到顶的落地窗，但是窗外的景色却是黑色的柏油屋顶和砖砌女儿墙，这显然有很多改善空间。新业主和他们的建筑师计划使用绿色屋顶对空间进行改善。原有的建筑很坚固，因此承重不是问题，预算才是项目的限制因素。建筑师建议使用绿色屋顶，这在2001年还是一种大众不了解的解决方案。

Roofscapes设计的系统由3英寸（7.5cm）的生长基质覆盖在2英寸（5cm）的排水骨料上组成。生长基质的厚度以及8英尺（2.4m）高的防护墙的保护作用为种植设计留有一定的余地。设计团队利用这一优势，列出品种丰富的植物清单，除了10几种耐寒多肉植物，还包括多种多年生禾本科和开花植物。开花植物种植设计相对简单随意，同时建筑的女儿墙为开花植物和禾本科植物提供了更多的保护。图片由Roofscapes提供。

品种包括圆叶风铃草（*Campanula rotundifolia*）、针叶天蓝绣球（*Phlox subulata*）、西洋石竹（*Dianthus deltoides*）和纽曼委陵菜（*Potentilla neumanniana*）。

穴盘苗和一些品种的种子被种植在一起，以形成肌理和颜色的对比。因为长期维护合同仅由承包商提供每年一次的维护工作，所以屋顶的外观显得不那么规则而更像是一片草地。春季里多年生植物色彩绚丽，禾本科植物增加了高度和肌理的变化。系

上：春天，Heinz公司位于顶层的行政部门可以看到的这片屋顶就如开满鲜花的草地。图片由Roofscapes提供。

左：微气候对植物影响很大。这一区域的葱类植物生长旺盛，可能归因于屋顶储物间投射的阴影。

统几乎不需要干预：它从来没有被灌溉过，日常的维护工作仅包括除草，重新种植裸露区域和土壤分析。直到2008年时才第一次使用了一种缓释化肥。

有时候让屋顶引导你进行设计和植物配置远比将设计强加于它更容易。在没有灌溉系统的绿色屋顶，荫蔽区域的微气候条件为使用不喜光的植物提供了机会。"对于在阳光照射区域是否能通过调整基质厚度取得同样的效果，我表示怀疑，"工程师兼设计师查理·米勒说。"我觉得你应该关注荫蔽区域。我会在最荫蔽的地方增加基质的厚度，并且种植多年生植物和禾本科植物。但是必须兼具这两个条件，除非你愿意进行灌溉。"

用植物品种清晰表达设计形式

在粗放型绿色屋顶上用耐寒多肉植物的单一品种成组种植能获得简单的设计效果。维护粗放型屋顶上浅色的分界线需要投入比平时更多的工作。这些线条通常会在不同条件和季节中随着不同植物品种的盛衰而变得模糊不清。

将穴盘苗以单一品种带状种植可以实现漂亮的几何图案。要确保安装商清楚每种植物应种植在哪些空间。

因此，类似颜色、高度和肌理等品质是次要的。对于清晰的设计而言，植物最重要的特征是持久性。如果采用单一品种带状种植，那么休眠期较长的植物将会使裸露的基质遭到侵蚀或被杂草占领。如果种植设计的维护工作非常重要，则要避免使用能产生大量活性种子的品种。错误的植物品种会加重业主的维护负担。

使用穴盘苗的设计图案不会在安装后马上呈现出充实的外

左和左下：不同植物品种定植速度不同，它们的外观也会随着季节变化。

下：使用生长速度截然不同的植物品种很难建立并保持几何感很强的设计。清晰的设计图案需要靠大量的维护工作来保持。

在预先栽培成熟的模块中使用不同的品种可以实现和保持特点鲜明的设计图案。没有暴露塑料边缘的模块看起来更加整洁。

观。尽管不同的品种定植速度各不相同会影响到日常维护，但穴盘苗还是需要一定的定植时间。如果你希望定植快速完成，可以增加穴盘苗的密度。虽然购买更多的植物会使成本增加，但金额并不会很多，因为你已经支付了植物的运输费和搬运费。提前多支付一些植物的费用也能减少后期的维护费用，因为植物覆盖会减少裸露的基质。关于穴盘苗的更多信息，请参见第2章的"指定常见的绿色屋顶植物"。

　　另一种快速达到整齐的单种种植区块的方法是使用预先栽培成熟的模块。显然，模块的形状会限制设计的形状，而且模块的价格不菲。不过这一方法将减少保持设计整体性所需的维护工作，因为定植阶段不是在现场完成的。如果模块是塑料的（大多数情况下如此），它们还能阻止植物蔓延导致的线条模糊，当然不排除有些品种能自身传种到其他模块中。

塑造护坡

　　将基质堆高是一种为绿色屋顶营造地形和扩展植物配置的简

堆高的基质能支持更大型的植物，形成有遮蔽的微气候环境，地形看起来也更有趣。

较高的禾本科植物能强化堆高区域的效果。琳达·麦金太尔摄影。

单方法。护坡为根系提供了更深的生长空间并在荫蔽区域形成微气候，使种植具有更多选择性。沿着护坡边缘生长的植物，例如较高的禾本科植物，也能为其他植物提供遮蔽和阴影。另外，它们还能遮挡不美观的地方，如通风管道和HVAC设备，或者至少是将视线引开。

如果屋顶组件的重量不是问题，或者重量集中在结构梁等集中荷载值较大的区域，生长基质可以直接堆成想要的形状。有些设计师使用保水垫进一步加固堆高区域。如果需要限制重量，也可以将生长基质铺在泡沫聚苯乙烯上。

生长基质堆成的护坡能加深根系生长区，但是要注意保证堆高区域的植物在定植期间水分充足。在根部充分稳固之前，水分会快速通过屋顶组件向下渗透，因此新种植的穴盘苗细小的根区可能会缺水。由于塑造护坡是扩展屋顶植物清单的途径之一，所以护坡脊线两边的植物可以不如耐寒多肉植物那么耐旱。堆高的护坡区域比其他区域需要更多一些关注，但小小的投入可能会带来巨大的影响。

关注细节

精致、价格合理的细部能提升绿色屋顶的品质。对铺装和裸露区域的处理要有创意。当然，还要确保所选的材料满足相关要求——例如，裸露区域的石材重量必须足以抵抗风力，硬质景观或铺装必须能承受足够的重量，并能与基底材料组合使用。

欣然接受动态变化

当植物品种更加多样化或者植物设计更为复杂时，必须牢记一些要点。如同在地坪一样，植物对屋顶环境的反应也各不相

同。在多品种种植中，不同植物品种所占的比例不会稳定不变，相反会随着季节、温度、降水和其他因素呈现出盛衰变化。一些植物的适应能力强，生长迅速；一些可能需要较长时间；一些可能永远无法完全适应新环境，它们会慢慢死去；还有一些会大量播种繁殖。

始终如一的种植设计通常需要靠大量工作来保持。有些植物品种仅通过定期人工拔草就能有效控制形态。有时可以通过设计减轻此类维护工作，选择较好的植物品种并做一些像无绿化的碎石带等小品，以使种植图案的线条保持完整。但有时候，让植物迁移到更适合它们的环境中也是不错的选择。

左上：用好看的石头装饰穿管附近的无绿化区域。

右上：坚固的金属格栅既能用于步行，又不阻挡阳光照射到下面的植物。当植物长到一定高度，在格栅上行走将会折断多肉植物的尖端，从而产生插枝生根成长为新的植物。

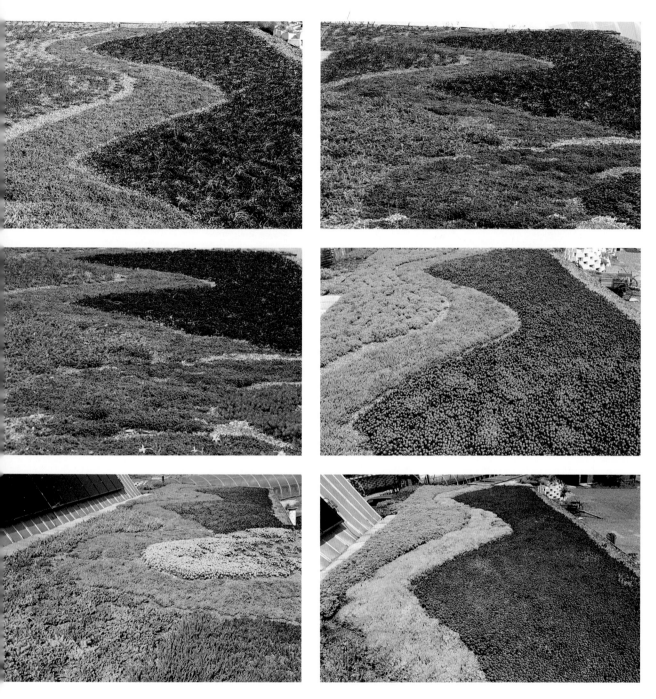

即便是仅种植了多肉植物的绿色屋顶，不同季节的外观也不一样。马里兰州的一个绿色屋顶1~6月每个月的不同外观。

同一个屋顶7~12月的外观。

绿色屋顶的外观在植物定植以后也会有变化。这是位于宾夕法尼亚州Swarthmore学院Alice Paul礼堂屋顶的免灌溉绿色屋顶，它于2004年完成安装，照片所示为2005、2007、2008、2009年初夏时的照片。正如这一屋顶所展示的，气候条件对屋顶外观影响很大。2008年的夏季温暖干燥，但在2009年凉爽湿润的夏季里，花开得很好。

绿色屋顶设计范式：专类绿色屋顶

重新将屋顶视为种植空间会带来很多可能性。如果你能种植本土植物，为野生动物提供栖息地，收获果蔬，或者能在草地上赤脚漫步，那为什么还要种植那些不起眼的多肉植物？这种专类屋顶可能为一些景观类型带来更多生态效益，社区花园或作物生产会带来社会效益，如果屋顶有草坪还能用作休憩空间。然而，它的缺点是投入与效益的关系不是很清晰。设计更加困难：这类项目需要专业的知识、更厚的生长基质和灌溉系统。此外，维护工作也需要更多人力、资源和专业知识。

和传统绿色屋顶相比，建造和维护这样的专类绿色屋顶通常更有难度。景天属植物和其他耐寒多肉植物是最易于使用和经济

在绿色屋顶上也能使用草皮和其他非多肉植物，但是这样的设计需要更加谨慎，维护工作也更多一些。

效益最好的绿色屋顶植物品种。它们在市场上常见、价格便宜、易于种植，而且只要在定植期间适当维护就能成活。在多数情况下，这些植物会蔓延开来并提供绿化覆盖，从而优化屋顶的性能。从长期看，这类屋顶的维护工作只要能定期进行，则既不困难也不昂贵。主要种植耐寒多肉植物的屋顶可以在受保护区域种植其他品种，这样能改善外观且为野生动物提供栖息地。

在屋顶上能够种植本土植物，营造栖息地环境，享受草坪空间或者种植作物，尽管其中一些仍具有实验性质。但这些项目的设计过程和绿色屋顶组件都会相对复杂，通常需要专业的经验和更长的时间周期。在维护方面也要投入更多精力和专业知识。设计师必须全面了解这种绿色屋顶的含义，并且让客户也有清楚的认识。这类屋顶的安装能为绿色屋顶领域积累知识并带来创新，但是参与人员应该清楚这项工作具有先锋性，且尚未经过验证。

绿色屋顶上的本土植物

结合本土植物进行设计的兴趣不断增长，也激发了在绿色屋顶上应用本土植物的兴趣。在某些情况下，这种方法可以很成功。但是选择和购买合适的植物既困难又花时间，而且这一方法需要因地制宜，因此很难从其他地区的成功案例中得到帮助。

本土植物在花园中很受欢迎

种植的潮流不限于花园，近年来园艺师对本土植物的兴趣不断增长。归其原因包括对外来入侵植物的担忧，对本土植物无需过多维护就能在当地条件下茁壮生长的认识，以及为当地野生动物和昆虫提供栖息地的意图。

这些良好的意图、关注和LEED项目对定义模糊的"本土或者适宜"植物的强调，促使一些设计师在绿色屋顶项目中使用本

空茎美国薄荷（*Monarda fistulosa*）等本土植物能在一些绿色屋顶上生长，但是必须要有适合这些植物的设计，通常这意味着更厚的生长基质和场内灌溉系统。

土植物。然而，即使这些植物能在市场上找到，它们通常在屋顶的恶劣环境下也难以存活。在一些情况下，本土植物也能成功地在绿色屋顶项目中使用，但是应该谨慎选择。

即使在地坪花园中，使用本土植物增强生态功能和提供栖息地也不是简单地从当地苗圃的花架上选择一些本土植物加入到植物清单中。使用广泛定义的本土植物品种美化花园和吸引当地野生动物，或者是创造色彩斑斓的绿色屋顶，这些出发点都没有错。但是恢复生态远不止需要园艺学，还要掌握生物学、土壤科学、气候、水文学，以及这些场地特性如何相互作用等方面的知识（Simmons et al.，2007）。在屋顶上，无所谓生态恢复。

并不是一定要种植本土植物

在绿色屋顶应用这些原理会增加它的复杂性。能够支持多种草本植物的屋顶组件会比简约式粗放型绿色屋顶更加复杂、昂贵，需要更厚的生长基质和灌溉设施，还需要经过正规培训的员工长期认真地维护管理。

这些现实情况必须与项目目标保持平衡。如果业主想使建筑具有一定水平的生态服务功能，使用本土植物在理论上可能是个不错的选择，因为大家都相信本土植物无需照料就能生长茂盛。但是如果本土植物配置的资金投入超过了效益回报，那业主最好选择其他更加简单的方法。

华盛顿特区的一个绿色屋顶种植了本土植物，但是屋顶设计却并不适合这些植物。它的生长基质只有几英寸厚，而且颗粒较大，因此水分会很快流失。此外，也没有设计灌溉系统。本土植物基本都死掉了，杂草很快占领了裸露的生长基质。

业主非常支持可持续发展，但是却缺乏绿色屋顶经验，他没有被告知所需要的维护工作，特别是对于这样一个种植了多年生开花植物的屋顶。负责场地维护的小型团队同时还负责地坪景观和游戏场地草坪，他们并没有受过屋顶维护的培训。业主正在寻找清除杂草和更换植物配置的方法。

为屋顶项目选择合适的本土植物是一项复杂的任务，需要专业的科学知识。此外，本土植物的来源通常也是难题，特别是最适合绿色屋顶种植的幼年期植物。定制培育的方法会增加项目的

如果设计不适合指定的本土植物，屋顶将被杂草占领。

成本和时间。为保证植物的存活需要更多的维护工作。最后，如果业主想要的是一个繁茂多花的花园或者一个简单整洁的绿色屋顶，那么本土植物配置也许不能符合业主的审美标准。所有这些问题必须在设计初期就对参与者说明，以保证设计师和客户等了解这一具有野心的设计选择意味着什么。

这个绿色屋顶的设计不适合指定的本土植物生长。琳达·麦金太尔摄影。

这个屋顶生长基质的颗粒较大，不适合需要大量水分的植物生长，而且厚度也不足以支持较深的根系生长。

缺乏灌溉，绿色屋顶上的本土植物在干旱期看起来毫无吸引力。

如果你想在绿色屋顶上使用本土植物，找出你所在区域的本土植物品种。基于对当地参照种群的分析，以下本土植物已经在粗放型绿色屋顶项目中使用过：

海石竹（*Armeria maritima*）
乳草（*Asclepias fascicularis*）
柳叶马利筋（*Asclepias tuberose*）
苔草植物（*Carex pensylvanica*）
花菱草（*Eschscholzia californica*）
智利草莓（*Fragaria chiloensis*）
菊科植物（*Lasthenia californica*）
洁顶菊（*Layia platyglossa*）
截叶铁扫帚（*Lespedeza cuneata*）
羽扇豆属植物（*Lupinus bicolor*）
空茎美国薄荷（*Monarda fistulosa*）
车前子万寿菊（*Plantago erecta*）
夏枯草（*Prunella vulgaris*）
香一枝黄花（*Solidago odora*）
黄假高粱（*Sorghastrum nutans*）

什么是本土植物

这是一个非常困难和复杂的问题。植物并不会区分州或者国界。称一种植物为"北美本土植物"并没有任何意义，因为北美大陆包括冻土地带、热带雨林、沙漠、草原和其他地理环境。按照生物区域或生态区域划分——地质情况、地形地貌、气候、土壤、水文和动植物相似的区域，这对区分本土植物更有帮助，但即使在同一生物区域也有很大的差异性。此外，这一概念很难在城市或者郊区的场地中应用，因为在人为干预下那些用以定义生态区域的特质都被改变了。

从生物区域的角度划分屋顶本土植物更加困难。它们必须能够在雨水泛滥、长期干旱（通常没有灌溉）以及极端高温和寒冷的条件下存活。绿色屋顶常用的生长基质因为要具有轻质和易于排水等特点，因此有机物质含量较低，很难形成如土壤一样的复杂生物群落。虽然自然界有些情况，如悬崖壁，和绿色屋顶等城市建成环境有一定的相似之处（Lundholm，2006），但你也不能保证在靠近场地的周边能找到这样的参考环境。

考虑使用本土植物的情况

欧洲和北美的经验表明耐寒多肉植物，如景天属植物，最易于在屋顶上生长（Monterusso et al.，2005）。但是如果你愿意建造一个更加复杂、高成本和需要特别维护的项目，可以考虑使用本土植物。

与地坪花园一样，通过在屋顶种植本土植物来恢复生态多样性在理论上潜力巨大。关于在屋顶使用更多植物品种和种植设计吸引野生动物的研究主要来自欧洲国家，虽然为数不多但却一直在增加，这些研究令人倍受鼓舞（Brenneisen，2006；Kohler，

西雅图市巴拉德图书馆的凹面屋顶种植了本土禾本科植物。在建筑业主完全清楚优缺点后，一些情况下也能在屋顶使用本土植物。

2006）。用本土植物提高绿色屋顶的生态功能尽管大多数并不现实，但仍然具有吸引力。适合屋顶种植的本土草本和禾本科植物比景天属植物的叶片面积大，因此蒸发和降温效果更明显。它们的根部与景天属植物浅薄的根系相比生物量更多，能更快地吸收基质收集的雨水，更强的过滤能力也会使雨水径流的水质更好。但是目前还没有实质数据能证明这些假设。

使用本土植物从美学上来说也是各有利弊。一方面，有人觉得景天属和其他耐寒多肉植物低调的外观和单调的种类缺乏视觉刺激，而本土植物能提供更加多样的色彩、肌理和结构。另一方

加州科学院的绿色屋顶种植了经过认真挑选的本土植物品种。

面，大多数种植本土植物的绿色屋顶多数时间并不会成为漂亮的、花团锦簇的花园。很多本土植物本身并不那么艳丽，而且它们在休眠期——有时是一段很长的时间——凌乱的样子可能对某些人而言难以接受。

使用本土植物的最有力原因是出于研究和教育的目的。加州科学院的绿色屋顶有七座隆起的山丘模仿了旧金山的环境，引起了不小的轰动。它新颖而复杂的设计独具一格，屋顶本土植物的选择和维护过程也为那些考虑这类项目的人们上了很好的一课。

这一具有研究和教育目的的绿色屋顶需要高度维护以保持全年整洁美观。

建筑师伦佐·皮亚诺（Renzo Piano）要求屋顶具有平滑、整体的外观。这种低矮、地被植物的外观正是常用于绿色屋顶的景天属植物具备的。但是科学院要求在屋顶种植加利福尼亚的本土植物，他们希望植物能一直保持良好的美观，这样才能吸引访客。

他们花了很多精力为屋顶和可上人观察平台附近的一个本土植物展示花园选择植物配置。加州科学院的高级植物学家弗兰克·阿尔梅达（Frank Almeda），以及Rana Creek公司（一家生态恢复公司，经营一个批发本土植物的苗圃）的保罗·凯普哈特（Paul Kephart）对大约30个品种进行了试验，寻找能够适应屋顶（特别是山丘）恶劣环境的品种，并为野生动物提供栖息地，如Bay checkerspot（*Euphydryas editha bayensis*）和San Bruno elfin（*Callophrys mossii bayensis*）两种蝴蝶。

早期凌乱的外观吓坏了建筑师，"看起来像踩着高跷的风滚草。"SWA集团负责该项目的景观设计师约翰·卢米斯（John Loomis）说。最终选择了四种多年生植物：夏枯草（*Prunella vulgaris*），智利草莓（*Fragaria chiloensis*），海石竹（*Armeria maritima*）和花蔓草（*Sedum spathulifolium*）。为了迎接2008年10月的新建筑开幕仪式，增加了5种一年生植物以提高覆盖率：花菱草（*Eschscholzia californica*），羽扇豆属植物（*Lupinus bicolor*），菊科植物（*Lasthenia californica*），车前子万寿菊（*Plantago erecta*）和洁顶菊（*Layia platyglossa*）。

加州科学院一直坚持不懈地致力于它的研究和教学目标。除了经常性的参观活动和说明标牌之外，屋顶上来来去去的动植物也得以近距离监测。旧金山州立大学的学生每月会对昆虫取样，实习生们和阿尔梅达一起监测屋顶西面的一块空地，以追踪哪些植物品种在没有干预的情况下能在屋顶上存活。研究者希望最终能将濒危的蝴蝶引育到屋顶；展示花园设计了很多适合幼虫寄生的植物，例如乳草（*Asclepias fascicularis*），但是它们需要几年的生长时间，成熟后才能对蝴蝶起到帮助。

当客户要求使用本土植物时，确定基本目标

在实践中，有时是客户要求使用本土植物代替传统的绿色屋顶植物清单。如果你是项目的设计方或者建造方，那么与客户就设计目标达成一致，以及如何根据项目意图定义"本土"非常重要。

选择本土植物的原因可能包括：想做屋顶研究（特别是与学校或者其他研究机构相关的项目）；吸引野生动物（应该与客户、设计团队和维护团队详细讨论确切是哪一种野生动物以及昆虫和动物对屋顶的影响）；"做正确的事"以尊重环境。前两个目标将由具体方法选择植物——例如，构建栖息地环境以吸引某种传粉昆虫，或者种植更高的植物以供地面筑巢的鸟类为它们的雏鸟觅食（Brenneisen，2006）。

最后一个目标过于模糊而帮助不大，因此必须加以改善，也许应该在传统的绿色屋顶植物清单中增加一些其他品种，以适用于有遮蔽的区域或者生长基质较厚的地方。开诚布公的讨论也能减少客户对未经过验证的方法可能影响场地生态环境的担忧。虽然景天属和其他耐寒多肉植物在条件适宜的情况下会迅速定植和蔓延，但绝大多数本土植物却不可能脱离人工培育和蔓延到自然环境中。具有入侵性的变种，如垂盆草（*Sedum sarmentosum*），很少用于绿色屋顶，仅推荐在只有这一个植物品种的项目中使用，或者在能够频繁维护的项目中使用。

在理解难度之后，如果客户仍坚持在项目中使用本土植物，那么设计过程将包括与基本设计范式不相关的几个步骤。

有时为达到诸如吸引传粉昆虫等目标，可以通过在受保护区域混合种植一些非本土植物，如露子花属（*Delosperma*）"*Beaufort West*"。相对全部使用本土植物而言，这种方法更容易，需要更少的维护。

识别合适的植物群落

大多数忠实的本土植物支持者和生态学家建议在生态恢复项目、花园和绿色屋顶等专业项目中使用植物群落，这与随机使用种群正好相反。但是涉及本土植物，群落的概念也许比最初预想的更复杂一些。即使是科学家，对植物群落的理解也由鲜明的、离散的实体演化为不那么紧密的整体植物种群，它与受人类、环境和其他因素影响的动态易变的群落连续交互（McCarthy，2008）。另外，北美地区的本土植物群并不包括很多多肉植物，特别是那些具有蔓延特性的品种，它们很适合用于绿色屋顶。

基于以上的复杂性，希望在屋顶使用本土植物群落的人们应该和那些熟悉当地生态和植物群的科学家们紧密合作。美国纽约

位于美国纽约市布朗克斯区的 Ethical Culture Fieldston学校的绿色屋顶上的植物是由哥伦比亚大学的科学家们从附近的参考植物群落中选取的。Kinne Stires摄影。

市布朗克斯区的Ethical Culture Fieldston学校的本土植物绿色屋顶例证了这类项目的效果。最初，推动这一项目的哥伦比亚大学团队计划在两个层面的绿色屋顶的整个绿化区域全部种植景天属植物。但是大学的植物生态学家马特·帕尔默（Matt Palmer）联系了哥伦比亚气候系统研究中心的斯图尔特·加芬（Stuart Gaffin）表示希望能参与项目。帕尔默当时刚刚了解到绿色屋顶，但是被其在城市区域恢复野生动物栖息地的可能性激发了灵感。他还告诉加芬，原来设想的有限的植物配置对于将使用低层屋顶作为教学工具的生物学教师而言太单调了。

帕尔默为1500平方英尺（140m²）的低层屋顶拟定了植物清单，使用该区域的本土草本植物群落作为模型系统（不方便上人的上层屋顶剖面较薄，种植了景天属植物）。为了找到能在屋顶

Fieldston学校的学生通过这个屋顶了解当地的生态系统。劳拉·迪金森（Laura Dickinson）摄影。

环境存活的植物，他寻找生长在阳光充沛、土层较薄地区并且以本土禾本科和多年生植物为主的植物群落。

利用纽约自然遗产项目（New York Natural Heritage Program）的信息，帕尔默聚焦了两处：亨普斯特德平原（the Hempstead Plains），位于长岛的一小块残留的草原（纽约州唯一一处此类景观），以及靠近哈得孙河谷的落基山顶的草地。他选择了一些阔叶植物如香一枝黄花（Solidago odora）和柳叶马利筋(Asclepias tuberose)，禾本科植物如苔草植物（Carex pensylvanica）和黄假高粱（Sorghastrum nutans），豆科植物如截叶铁扫帚（Lespedeza cuneata）以固定生长基质中的氮素，增加其肥力。

屋顶大部分区域的基质厚度为6英寸（15cm），一些区域被堆高以容纳更深的根系，但是加芬说他不确定这样做是否足够严谨，因为这些区域中有的已经被腐蚀，结构也受到了破坏。在科学家的指导下，植物以网格和随机的模式种植。

Fieldston学校的学生在做昆虫、生物量和生存状况的调查。除了一些禾本科植物，他们报告说到2008年秋季时，也就是在植物种植一年之后，存活率超过90%。加芬计划监测这里的温度，正如他在上层屋顶和城市周边地区的屋顶所做的一样。哥伦比亚大学的研究生劳拉·迪金森（Laura Dickinson）已经围绕项目开发出了课程计划。六年级的学生们研究了植物品种的分布、绿色屋顶的效益、生态系统的动态和不同植物的功能。学生们每年都举办屋顶开放日活动以供访客参观。

寻找植物的供应或种植来源

如果你依照这个模板为绿色屋顶选择本土植物，你可能会发现非常困难或者基本不可能在商业性质的苗圃中找到这些植物。Fieldston学校的项目团队得到了纽约市绿带本土植物中心（New York City's Greenbelt Native Plant Center）的帮助，这是一个由公园与娱乐管理局（Department of Parks and Recreation）所有的温室苗圃，它为城市的生态恢复项目提供本土植物。尽管如此，帕尔默必须根据苗圃能种植的品种调整植物清单，有些植物直到屋顶的第二个生长期才能使用。

其他地方的研究人员遇到了类似的困难。得克萨斯州奥斯汀市的伯德·约翰逊夫人野花中心(Lady Bird Johnson Wildflower Center)的生态学家马克·西蒙斯（Mark Simmons）指出，得克萨斯州大约有5200种本土植物，只有约50种可用的活体和约50种可用的种子。它们之中只有一小部分也许能用于绿色屋顶。尽管野花中心和其他研究机构正在进行相关的研究和试验，但是目前还没有能应用于绿色屋顶的本土植物名录。这一方法所需的分析意味着，在不远的将来，每一个本土植物绿色屋顶在本质上就是一个研究项目。

对私营企业项目而言，定制培育可能是获得你想要的本土植物的唯一途径。这不仅会增加项目成本，而且需要较长的时间才能拿到植物。预计种植者需要一年时间找到合适的种子和培育足够的植物。

使用未经过绿色屋顶试验的植物也会给项目带来不确定因素。这些植物在一段时间后可能会与预期有所差距，而且也不可能有售后条款保障。替换的费用非常昂贵，而且新品种的大小必须适合前面差强人意的植物所占的空间。如果缺乏适当的维护，一些品种（在本土植物屋顶上通常是禾本科植物）最终将占领屋顶，绿色屋顶的外观也将彻底改变。客户需要事前全面了解这些潜在的困难，从而避免失望和指责。

缺少谨慎持续的维护，屋顶的外观将会有巨大的变化

为保护加州科学院屋顶的植物配置，达到科学院的审美标准和栖息地目标，需要持续的、警惕的和有技巧的维护工作。植物的接替性和季节性会使这些目标很难实现。参观者也怀着很高的期望来到屋顶，因为天文馆的影片中展示了屋顶的花菱草（*Eschscholzia californica*）开花结籽后拍摄的图片。因为其他植

这个屋顶选择了合适的本土植物品种并进行了合理种植。但是当建筑被售出后，新业主不想为维护投入精力和资源，因此植物都死去了。感谢马克·西蒙斯（Mark Simmons）提供植物活着时的屋顶照片。

物已经完成定植，罂粟花无法自然播种在稠密的植物覆盖之上。科学院的景观展示主管阿兰·古德（Alan Good）一直在补充从树桩上培育的罂粟花，希望能添加一些色彩和多样性，给参观者展示他们希望看到的景色。

在种植完成约一年半后，四种按照相同的覆盖率种植的多年生植物很难再保持相等。夏枯草（*Prunella vulgaris*）占据了屋顶70%的面积。智利草莓（*Fragaria chiloensis*）也不少（古德说这是他第一次看到这种植物—— 一种由跑步者传播的草莓——竞争能力强），但是只看到少量的海石竹（*Armeria maritima*）和花蔓草（*Sedum spathulifolium*）。生长基质中过高的尿素含量可能影响了后两种植物的定植。保罗·凯普哈特，他设计了可生物降解的种植模块，认为承包商没有遵守Rana Creek的设计说明，这是替代植物产生的结果。

由于是按照较低的水分和养分需求选择的植物，想要全年保持漂亮的外观和多样的植物配置，这意味着现阶段的灌溉和施肥工作可能要在短期内一直持续下去。这是保持植物多样性和色彩丰富的屋顶外观的唯一方法。灌溉还可以防止植物产生抗旱反应、枯萎或者彻底死亡。古德和其他科学院的同事希望帮助公众

伊利诺伊州圣查尔斯市的Aquascape总部大楼，屋顶上的植物在最初时得到灌溉，但随后便由其自然生长。

了解加利福尼亚景观的真实面貌，从而逐渐使公众放弃全年保持葱郁的要求，但这是个长远的计划。

另一个绿色屋顶的业主则采用了完全不同的方法。在伊利诺伊州圣查尔斯市的Aquascape总部大楼上，130000平方英尺（12090m²）的屋顶在2005年种植了经过筛选和当地苗圃培育的草原本土植物。开始时公司用灌溉系统帮助植物定植，但后来决定五年后停用（屋顶的植物配置比耐寒多肉植物需要更长的定植时间），除非遇到极端干旱的情况才会重新启用。如果植物生长困难，Aquascape将恢复定期灌溉。在头两个生长季结束后，维护人员用杂草修剪机将植物剪短到几英寸并清扫了碎屑。到第三个季节之后，计划被暂停了，但是如果需要随时可以重新启动。

最初，屋顶看起来绚丽多彩，但是禾本科植物很快就占据了开花植物。现在色彩黯淡了很多，禾本科植物有时会变得枯黄，屋顶未经修剪的、茂盛的禾本科植物和地坪景观很好地融合在一起。业主理解早期的努力对植物定植非常重要，也能接受减少维护后植物演替和季节性变化的现实，这是项目成功的关键。这并不是真正的草原生态恢复项目，也没有人这么认为。自然草原所承受的作用力，如动物的放牧和周期性的火灾不会发生在这个屋顶上。但这是一个适合区域特征、相对低维护的景观环境，不仅减少了公司的花销，也令员工们为之骄傲。

每个本土植物绿色屋顶都是独一无二的

由于研究还在继续，本领域内没有几个本土植物绿色屋顶能提供有益的教训。行业先驱者不断地从尝试和挫折中积累经验，但现存的屋顶多数时间太短难以判断是否成功。因为"本土"从科学的意义上而言是一个基于位置的特质，所以可能很难总结出在区域、当地以外应用的情况。

研究和监测关注的标准包括：随着时间变化植物群落的稳定

性；生长基质厚度、肥力、植物演替、灌溉和杂草压力之间的相互关系；相对传统绿色屋顶而言，本土植物绿色屋顶所具有的生态功能；对雨水排放速率和径流水质的影响。这些数据值得期待，可能性也令人激动。但是本土植物绿色屋顶的设计、说明和管理远比使用经过验证而可靠的植物更加困难。

绿色屋顶作为野生动物的栖息地

有些人认为所有的绿色屋顶都能成为野生动物的栖息地，有些人相信本土植物绿色屋顶能替代地坪上的栖息地。而现实情况总是更加复杂。

虽然任何一个绿色屋顶，哪怕是碎石遍地、杂草丛生，都会吸引鸟类和昆虫，但是在建筑屋顶上却不可能复制地坪上的栖息地环境。同样，虽然在高密度城市中绿色屋顶的环境比沥青屋面或停车场要好很多，但是却不能替代被开发破坏的开放空间。将绿色屋顶设计为栖息地是个复杂的任务，事实上它关系到防水膜上面的屋顶组件的各个方面，并不仅仅是植物配置。

大多数关于绿色屋顶作为专门物种的栖息地环境的研究都在欧洲完成。斯蒂芬·布莱内森（Stephan Brenneisen）的这一小块研究地显示，不同的基底和实际条件是绿色屋顶为鸟类提供栖息地的必要条件。

欧洲经验的教训：你可以复制却不能创造栖息地

这方面的大部分研究和场地调查都在欧洲完成，绿色屋顶在一些欧洲国家非常普遍，而且市民普遍具有良好的保护意识。虽然欧洲的项目表明栖息地的设计可以成功，但是同时也让我们了解到这一过程的复杂性。

"多数生态学家都尝试创造栖息地，"达斯迪·盖奇（Dusty Gedge），一位在英国专门从事绿色屋顶的野生动物顾问说到，"但是对屋顶而言这是个错误的方法。你是将地坪的特征——基底、植物等等——复制到与地坪很不相同的屋顶环境中。"盖奇几年来一直对被他称为"装备"的东西——木材、石块、球状的干草——进行试验。这些"装备"能为生活在干燥、低营养土壤的无脊椎动物提供阴凉、防风、遮蔽和筑巢的栖息地环境。这种沿着种植区域有着一条裸露的基底的屋顶常被称为"褐色屋顶"。

构建生物多样性需要一些管理

当盖奇于20世纪90年代开始从事屋顶环境保护工作时，他认为简单地将场地中的碎石放置在屋顶上，并且让自生植物占据碎石就能复制地坪空地的特征。这类场地在英国极具保护价值，因为它们为赭红尾鸲等受保护的鸟类提供了栖息地（Gedge，2003）。但是盖奇发现这种自然生长的方法在实践中效果并不好：原本期望的植物并没有占据屋顶，但是侵袭物种如大叶醉鱼草（*Buddleia davidii*）却遍布屋顶，这种植物会严重破坏建筑。

调整基底的厚度和成分，增加"装备"

幸运的是盖奇和他在伦敦生物多样性合伙人公司（London Biodiversity Partnership）的同事偶然知道了瑞士巴塞尔大学斯蒂芬·布莱内森（Stephan Brenneisen）的工作。布莱内森的研究证明绿色屋顶对鸟类（如赭红尾鸲）以及一些无脊椎动物（如蜘蛛和甲壳虫）而言是有价值的，这些物种的出现表明了屋顶的生物多样性。布莱内森通过研究还发现改变基底的厚度能增加稀有无脊椎动物的数量（Brenneisen，2003）；同时赭红尾鸲也喜欢地形变化的生存环境。

　　盖奇开始用3.5～6英寸（8.8～15cm）不等的基底厚度进行研究。同时也尝试不同的基底成分，使用不同粒径的商业基底材料以及沙子和大卵石，将这些材料堆放在不同地方，为野生动物

使用不同尺寸的基底有助于构建生物多样性。

原木和其他"装备"能提供遮蔽。

筑巢或其他活动提供遮蔽。他根据不同的微气候条件选择植物，吸引目标物种，并为之提供食物和遮蔽。他还发现将基底铺散、暴露在场地中有助于复制当地的生物多样性，因为这样能促进本土植物结籽和爬行昆虫定居，这在屋顶安装完成后就难以实现了（Gedge，2003）。

精细的设计需要专业知识

设计屋顶栖息地需要掌握相关物种的需求等深入和专业的知识。例如，盖奇说凤头百灵鸟会在禾本科植物密集的地方筑巢。靠近河口的屋顶最好有些沙地用来吸引滨水鸟类，如珩科鸟。这些鸟类还需要水域吸引蚊虫和其他食物来源，可以增加一些空间建造临时性的池塘。否则，这些物种的雏鸟将会挨饿。

经过检验证明的绿色屋顶植物占有一席之地

盖奇说景天属等常用的绿色屋顶植物能为建成初期的屋顶生态系统提供支持，为非禾本草本植物和产生花蜜的植物种子的生长提供水分，为定植时间较长的植物暂时保留空间，同时提供微

多肉植物为处于定植期的其他植物临时占有空间。

气候环境。但是五年后，景天属植物通常会转移到屋顶周边较为贫瘠和裸露的区域。盖奇和他的同事并不在意植物的原生地，但是会避免使用箭舌豌豆（*Vicia sativa*）等植物，这种植物会吸引一些野生动物（它吸引蚜虫，因此也吸引伦敦稀有的麻雀），但是它会肆意蔓延，最终减少屋顶的生物多样性。

褐色屋顶也需要维护

这类屋顶的维护工作主要是观察和调整。维护任务必须与目标物种的需求一致，例如保护裸露区域或者检查较高的禾本科植物的遮蔽。和其他绿色屋顶一样，杂草是前一两年时间主要关注的问题。根据盖奇的经验，这类屋顶很多在三年后就能够自我持续。但是在其他地区可能不同，因为气候条件和杂草压力不同。

北美地区绿色屋顶的早期信息振奋人心

北美地区很少有用作特定野生动物栖息地的绿色屋顶。但是早期的研究表明，无论出于哪些意图，绿色屋顶——即使是只种植耐寒多肉植物的较薄的粗放型绿色屋顶——也具有令人惊讶的物种多样性，如昆虫、蜘蛛和鸟类。在城市地区，简约式粗放型屋顶可以作为动物迁徙时的中途停留点（Coffman & Waite，2009）。随着绿色屋顶数量的增加，这个地区将迎来更多的研究。

绿色屋顶作为厨房花园

在地坪上种植蔬菜和其他食用作物更加简单实惠。但是在注意肥力、灌溉和维护的情况下，也可以在屋顶小面积种植作物。通常这需要更深的强化型屋顶系统。

然而，有些设计师通过在粗放型系统上使用堆土区域和有机物质成功地创造出城市菜园。在城市中心区，这样的空间可以作

左上：在绿色屋顶上放置蜂箱以
收集蜂蜜。

右上：大多数屋顶厨房花园，
正如芝加哥的这处，至少有18
英寸（45cm）厚的生长基质和
灌溉系统。

右：然而，有些厨房花园的设计
更贴近粗放型绿色屋顶。这个
位于布鲁克林的屋顶花园使用了
6英寸（15cm）厚的生长基质，
并混合加入了有机物质。图片由
Goode Green提供。

为社区花园，还能为很少有机会接触农场和大型花园的孩子们提
供教学用地。

屋顶草坪

选择草坪作为绿色屋顶植物看似是个令人吃惊的选择，因为

种植了草坪草的绿色屋顶通常需要更厚的生长基质层和灌溉系统。图片由Roofscapes提供。

即使在地坪上它也需要很多维护才能达到业主所期望的绿色带状效果。但是对住在公寓楼和共管住宅的人们而言，屋顶可能是唯一的户外活动空间。高蒸散量能使草地保持凉爽怡人。绿色屋顶的生长基质中含有粗糙的矿物质颗粒，能够很好地承受步行交通带来的压力。

铺有草坪的绿色屋顶需要较深的生长基质，不常使用的步行区域至少有6英寸（15cm）的厚度，频繁使用的步行区域至少有8英寸（20cm）的厚度，使用频率更大的区域需要有10英寸（25cm）的厚度。此外，这种绿色屋顶几乎全部需要安装永久性的灌溉系统。使用收集的雨水和其他非饮用水源可以减少草坪屋顶的环境影响。

特殊的设计考虑和挑战

有些情况需要在设计阶段特别关注。绿色屋顶可以在干旱的环境、坡地、暴露或者有遮蔽的场地建造，但设计、建造和维护这样的项目通常更加复杂。

灌溉

有时对于有生命力的、使用周期较长的绿色屋顶而言，灌溉系统是必需的选择，但是通常这实质上是一种偏好。在决定是否使用灌溉系统时，业主和设计师应全面考虑利弊。

永久性灌溉系统可能并无必要甚至会起反作用

在温和的气候条件下，粗放型绿色屋顶通常不需要永久性的灌溉系统。但是常常需要根据气候条件变化为植物进行补偿性的浇水，这样能保证植物快速定植以及根部水分充足。这种灌溉方式需要有可利用的供水，维护团队要清楚水源的位置。屋顶上经过设计能保证足够水压的水龙头会使定植期间的灌溉更加容易（Luckett，2009a）。

一旦种植了景天属植物和其他耐寒多肉植物的屋顶有了良好的开端，定期灌溉反而会适得其反，但极端干旱的时期除外。除了节约水资源和资金，不进行补偿性的灌溉还能延长粗放型绿色屋顶的寿命，因为杂草不太可能在缺水和营养不足的环境中生长茂盛，从而加强了植物群落的稳定性并降低了维护强度（Miller，2009b）。

有些项目可以使用永久性灌溉系统

对绿色屋顶而言，基本法则也有例外的情况。绿色屋顶工程师兼设计师查理·米勒引用以下为绿色屋顶灌溉的原因：支持干旱气候下的项目，支持特定的植物配置，优化蒸散量从而增加绿色屋顶的降温效果。此外，米勒说有些情况下接入市政雨水系统是不可能的或不理想的，这样可以将绿色屋顶和场地其他位置的雨水径流收集到蓄水池中，并在干旱时期用水泵抽水到屋顶进行灌溉。

园艺师兼模块系统设计师大卫·麦肯吉（David MacKenzie）指出，为了获取LEED认证关于用水效率的分数，有时会将有益的灌溉系统排除在项目之外。他说，在干旱期后每5年或者10年就重新种植植物的做法本身就不具有可持续性。特别是在夏季非常干燥的太平洋西北西区基底层很薄的屋顶，或者是大型的工程，灌溉系统是很好的保险措施。

最后，如果客户想保证绿色屋顶时刻都有最佳的外观，也可以安装灌溉系统。

选择正确的系统

如果水源不是问题，小面积的绿色屋顶可以在定植期间或者干旱时期使用软管手动灌溉。也可以使用高架的草坪喷头，但是效率不高。此外，还可以安装永久性的滴灌和弹出式喷头系统，如果愿意，还可以是自动式灌溉系统。定期检查这些系统应写入维护说明中。在指定此类系统前，确认它与你的排水层兼容：骨

如果设计中包括灌溉系统，则要确保安装后能正常运行。这个屋顶的喷头没有有效地覆盖种植区域。

料可以支持任何系统，而排水板却只能和某些灌溉系统兼容。

也有使用传感器监测土壤水分的非常复杂的灌溉系统，但是不一定适用于绿色屋顶基质，因为对传感器而言它们的透水性太强。如果你或者你的客户对这类系统感兴趣，那么送一份基质样品给制造商以确认它和其他构件能兼容（Luckett 2009a）。

当米勒灌溉他的项目时，他在绿色屋顶组件底部使用了漫灌的方法。这种方法主要针对较厚的生长基质层，他说保持上层生长基质干燥有利于多肉植物生长，而禾本科和多年生植物较深的根系也能吸收底层补充的水分。然而在干旱的气候下，特别是在植物定植期间，对于一些堆高基质等设计效果，底层灌溉可能无法为植物提供充足的水分，因此靠近表层基质的补充性灌溉在安装完成后也必不可少。

说明屋顶现状条件

绿色屋顶的灌溉系统比地坪更受限于不同的现状条件。高温和阳光会加快材料的老化，经验表明屋顶灌溉系统应该使用不同的材料。因为大多数屋顶组件相对较薄，可能没有完全覆盖喷头以避免损坏。

水压是屋顶灌溉经常遇到的问题。在建筑空置的时候可能水压充足，但是当办公楼满是雇员或者公寓楼住满人的时候，人们会使用其他用水系统，以致水压明显降低。当水压不足时，分配的水量可能不足以维持整个屋顶系统。

善用资源

任何一个灌溉系统都应该尽可能地设计为高效率系统。绿色屋顶的灌溉系统可以被设计为使用收集的雨水和其他非饮用水。而且系统应该仅在需要时运转。不必要的灌溉可能不会伤害到植物，但是会浪费很多水（Kurtz，2008）。

斜坡

绿色屋顶通常安装在比较平坦的屋顶。倾斜的屋顶也能绿化，但是合理设计有坡度的系统需要更多专业知识。坡度还会大幅降低绿色屋顶的雨水保持能力，如果雨洪管理是项目目标之一，则一定要记住这一点。

设计稳定的系统

设计超过一定坡度的绿色屋顶的时候，固定组件和防止

坡式绿色屋顶的设计要求构件稳固。

蜂巢状的穿孔塑料格网是将生长基质固定在坡式屋顶的方法之一。Cynthia Tanyan 摄影。

生长基质被侵蚀是关键目标。经验法则说明2：12［每12英寸（30cm）的距离升高2英寸（5cm）］是关键斜度（Miller，2009b；NRCA，2009）。要达到这一倾斜度就必须深入理解系统的所有交接面，包括生长基质下面的交接面，这是最容易发生滑动的地方。包括防水层与屋顶板之间在内，不能依靠各层之间的粘结力来稳固斜坡（Miller，2009b）。

斜坡上的绿色屋顶组件能够通过物理支撑或者定位器固定，可以在坡顶沿着屋脊固定，可以在坡底沿着屋檐固定，或者沿着屋顶板间隔固定。最后的方法被称为面状支撑（Field support），在坡式屋顶很长的时候使用（Miller，2009b）。坡式屋顶的生长基质通常用有孔塑料格网或类似的结构、楔子、扣板等进行固定。所有这些支撑构件必须小心地安装以免破坏防水膜。

了解坡度对排水的影响

模块系统和植物垫也能用于坡式屋顶，但是这些预植系统的说明不能代替有关坡度对屋顶系统影响的分析。由于水流下屋顶的速度更快，设计时应考虑到这种容易干燥的情况。

特别是在大型的斜屋顶，从斜坡流下来的水量可能会超过绿色屋顶系统的排水能力。因为绿色屋顶对很多设计师和工程师而言是一项新技术，所以设计团队应对大型、复杂的项目详尽审查。不要想当然地认为项目其他成员一定全面了解绿色屋顶的工作原理。

位于密歇根州荷兰小镇的Haworth办公家具公司的新总部有一个大型的绿色屋顶，从六层楼高一直下坡到地坪，视觉效果很好。陡峭的坡度，屋顶尺寸（45000平方英尺，4185m²），以及屋顶斜坡向下变窄的事实让这一项目的排水极具挑战。

然而这个挑战在建造之前并不是那么明显。当生产边饰的制

位于密歇根州荷兰小镇的Haworth办公家具公司新总部的绿色屋顶给设计师们带来了排水的难题。

坡式屋顶底部的穿孔金属边饰排放出流过系统的雨水。

造商表达出对大雨之后可能产生雨水压力的担心，模块设计师大卫·麦肯吉意识到他公司的模块可能也不能承受这么大的雨水压力。与项目总包商以及工程师一起，麦肯吉研究了这一地区的降雨模式并调查了设计解决方案。

他相信通过升高模块的位置能有效地减少流下屋顶的水量，并且在相似的斜屋顶模型上通过试验证实了这一点。生产这种升高的模块使组件的成本每平方英尺增加了0.5美元，麦肯吉说，但是与另一种解决方案相比，它节省了大面积安装排水板的人力和物力。相似的试验发现另一种方法，通过将水沿着屋顶长长的底边快速流送到排水口，从而避免集水产生过大的水压。穿孔的边饰将模块系统从边缘向后退了2英尺（0.6cm），这使有铺面的下水管系统能够迅速排放掉多余的雨水。沿着屋顶与地坪相接的底边也安装了穿孔边饰。麦肯吉坚持在边饰材料上留更多钻孔，以确保雨水不会滞留在后面。

2007年完工的Haworth屋顶已经经历了几次大雨，其中包括几次超过6英寸（15cm）降雨量的特大暴雨。当初如果不是安装商意识到排水问题的急迫性，项目可能已经失败了，建筑或者屋顶的栖居物种也会遭到破坏，但是相反它的性能表现一直很好。

选择合适的植物

斜坡会加剧本已经非常炎热、干燥和暴露的屋顶环境。当为坡式屋顶指定植物时，确保你选择的品种能在这些条件下

复杂的屋顶会有丰富的微气候环境。植物在暴露的区域难以生存。

存活。兼有平面和坡面的复杂屋顶会有不同的遮蔽程度形成的微气候环境，遮蔽少的地方需要更加坚韧的植物，如果有灌溉系统，也会需要更多的水分。遮蔽区域可以种植更精致的植物。

尺度

要使绿色屋顶大部分非美学的效益最大化，例如在高密度城区减少城市热岛效应和雨水径流，需要绿化大部分屋顶区域。在大型屋顶上进行种植是开始这个过程的好方法。

大型绿色屋顶面临一些挑战，例如角落处的风吸力，特别是在高层建筑上。但是从很多方面而言，大尺度的绿色屋顶比

弗吉尼亚州Culpeper的这个大型绿色屋顶特意选择了这些植物配置以形成自我持续的景观。

小尺度的更容易设计。对简约式粗放型绿色屋顶而言，尺度的经济性可以降低每平方英尺的造价。当雨洪管理成为设计目标时，场地调查证据表明大型表面上更长的排水路径具有更好的性能。

定植和维护非常大型的屋顶是一个不小的挑战。诸如植物垫和植物模块等预先绿化的方法能有效减少所需的劳力和资源。例如，使用预先栽培成熟的模块能将Haworth总部建筑屋顶的维护团队减少至一个人（他一个人照看大型场地内的其他部分和屋顶），同时也能即刻让业主满意项目的外观。

另一种在设计中简化定植和维护工作的方法是选择容易适应环境和能够自我播种的植物。位于弗吉尼亚州Culpeper的国会图书馆的国家音像保护中心（Library of Congress National Audio Visual Conservation Center）上有一个228000平方英尺（21205m²）的屋顶，上面种植了多肉植物、多年生植物和牧场草的穴盘苗与种子以形成一种可控的演替景观。主要植物配置是景天属植物，这使定植阶段裸露的基质最小化。多年生植物和禾本科植物具有匍地生长习性，耐旱，会产生活性种子但却不会随风传播，它们虽然定植较慢，但是最终会超过多肉植物形成草坪景观。这些植物的种子库不会给杂草种子库留下占据屋顶的机会，而屋顶上的种子也不会吹到周边的景观环境中。为了支持耐旱多年生植物的生长，屋顶使用了6~8英寸（15~20cm）厚的快速排水基质，但这个厚度并不足以支持各种杂草生长。它由单一粒径的矿物质骨料和堆肥构成，这有助于保持表层干燥，同时使杂草更难以定植。

风

一旦根系成熟，绿色屋顶组件的抗风能力就会变得很好。

风力吹刷会侵蚀绿色屋顶断面上的生长基质。

屋顶周边和角落的风力特别大。灌溉管线和其他没有遮风的构件很容易被损坏。在维护时需要检查这些地方。

但是风力较大的场地在安装和定植期间需要更多关注。基本规律是风压随高度增加（Luchett，2009a）。在安装期间，绝缘板、排水板和织物较难安全处理（NRCA，2009）。现场施工的项目可以使用可生物降解的覆盖物或者网在定植期间保护新种植的植物。像植物垫和模块等预先绿化系统是多风场地的不错选择。如果使用植物模块，则要确保它们的重量足以能够固定。

右：可生物降解的防风覆盖物能
够在定植期间保护植物。

下：滨水区的波士顿世贸中心的
屋顶，这块暴露在风中的场地是
美国国内首次采用预先绿化植物
垫的绿色屋顶。植物垫由缠结的
尼龙纤维制成的织物在内部加以
固定，然后再用尼龙拉链绑定在
坚固的土工格栅上，土工格栅则
通过埋设的钢筋混凝土块固定。
图片由Roofscapes提供。

即使那些不经常发生强风的场地也应该在维护时检查风力的影响，特别是容易出现"风涡"现象的周边区域可能需要防护措施（Luchett，2009a）。甚至在大型屋顶上，整个屋顶表面都应该定期监测风力吹刷情况，它会导致织物和其他构件的组成要素暴露在外。风力吹刷还会拔出已经暴露的组成要素，使屋顶组件部分或整体失去牢固度。

阴影

绿色屋顶遮蔽区域的植物较少受到干燥的影响，但是生长基质的特性也令它们极少获得更多的水分。在高大树木遮蔽下的低矮建筑上，应指定能耐受干燥阴影条件的植物。

建筑或者其他构筑物投下的阴影与树木投下的斑驳阴影不同。在春季时处于阴影中的屋顶部分可能在夏季时一天中大部分时间都完全暴露在直射的阳光中。玻璃或浅色表面会折射阳光，从而使植物温度增加和受到胁迫。在指定植物之前应仔细分析场地，阴影研究要关注一年中植物最活跃的时间。

左下：阴影能提供遮蔽的微气候环境，但是生长基质依然比较干燥。琳达·麦金太尔摄影。

右下：设计时要研究建筑物投下的阴影。

整合可持续设计

在整个场地设计中，大部分绿色屋顶都会与其他自然系统一起进行有效的配置。大多数气候条件下，绿色屋顶都不足以保持场地内的全部雨水。但是，结合透水铺装或者生态滞留池等地坪措施，绿色屋顶作为可持续设计方法的一部分可以使建筑场地内的雨水径流自我缓解（Gangnes，2007）。生物滞留区域也能处理

从建筑的绿色屋顶流下来的雨水和停车场的雨水径流一起流到这个雨水花园。所有雨水都被保持在场地内。

当绿色屋顶上使用太阳能电池板时，要确保绿色屋顶组件能充分保护防水膜。

在组件使用初期时滤出的营养物质。甚至当使用蓄洪池等更为传统的措施时，绿色屋顶也能使这些辅助系统尺寸更小、更经济实惠。绿色屋顶和其他技术一起使用时，设计和安装的方式要注意保护其他屋顶构件，特别是防水膜。

与普遍观点相反，绿色屋顶需要
定期维护以保持最佳状态。

第5章　绿色屋顶的维护

要点

绿色屋顶的最佳维护方法有：

- 早在设计阶段就提出维护的问题，以强调其重要性；
- 如果没有采用预先绿化的安装方法，那么在最初一两年里做好植物定植能够显著减少大多数粗放型绿色屋顶的长期维护工作。在项目中加入植物定植方案；
- 维护团队应该做好准备进行适当的评估，并且清楚绿色屋顶的维护方法要与地坪景观不同；
- 维护工作需要以预防为主，而不是被动应对；需要对植物生理学和杂草的生命周期有基本的认知；
- 需要监测植物和土壤的健康，使之保持平衡；
- 常规的屋顶问题属于绿色屋顶维护工作的一部分。绿色屋顶维护团队应该保证防水及其他构件的完整性和功能良好。

虽然绿色屋顶时常作为低维护或零维护景观出售给客户，但这对于任何一种生命有机体而言都不现实。对其置之不理，却妄想这样可以使建筑外围设施的一个关键部分保持最佳状态就更加不可能。

定期维护是为了参与绿色屋顶项目的每个人的利益。同样也是实现设计意图，使屋顶的生态系统服务功能最大化，和保护业主的投资的关键所在。绿色屋顶可以被设计为低维护，但极少被设计为零维护。在许多情况下，缺少维护的绿色屋顶会掩盖问题，最终导致意料之外的不良后果，很可能包括大多数或全部植物配置的死亡。此外，还可能造成适用的保修条款失效。除了提倡种植健康的植物之外，定期维护计划将延长屋顶各构件的使用寿命，减少漏水的频率和程度，继而降低业主的成本（Evans，2006）。

绿色屋顶维护工作的基本要素

如果设计和安装得当，大多数粗放型绿色屋顶并不需要太多的维护工作。如果定期进行维护并且作业人员知道应该注意什么，那么这项工作就不会太困难。比起修复根深蒂固的问题，定期、适时的维护要容易且省时得多。即使问题出在设计或安装阶段，例如指定了不合适的生长基质导致植物定植困难，熟练且细心的维护也能挽救这个项目，尤其如果使用了生命力顽强的植物。

使之成为设计过程的一部分

在设计阶段就考虑并讨论维护工作和维护成本略显过早。但是掩盖它的重要性却对客户不公平。只有对绿色屋顶相关的实际成本考虑过后，业主才能准确地判定将其作为项目的一部分是否合适。

客户对于维护工作的意愿和能够投入的精力也应考虑在绿色屋顶的设计之内，包括系统的深度和复杂度，是否要考虑到灌溉，种植的种类、设计和方法。铰接式或几何形状式的种植设计，例如将不同种类的植物种植成轮廓分明的条状或旋涡状，其维护工作需要投入大量的时间、精力和资金。相比之下，在屋顶种植随机图案的耐寒多肉植物却省时省力得多。如果种植种类的特别分布属于屋顶的整体设计，例如一个区域的植物稍高而另一个区域的植物稍低，那么维护工作可能也会涉及控制生长力旺盛

经常观赏并且考虑周全的种植设计需要通过维护保持设计的完整性。

的植物的长势。对于不常观赏的不上人屋顶的维护工作，可以按照与上人屋顶不同的审美标准，哪怕上人屋顶仅仅用于视觉观赏。如果客户不情愿或没有能力提供维护或支付维护费用，那么就应该主动放弃与众不同或宏大的设计范例，这也许意味着绿色屋顶完全不应该成为项目的一部分。

关注定植，立足长远

在安装完成后的第一年中，设计受到场地条件的考验，植物逐渐适应场地并且生长填充空地，对于大多数粗放型绿色屋顶而言，这时最迫切的需求就是维护。确保植物快速定植并且控制杂草生长能够为长远打算打好基础。尽管如此，对任何一个屋顶而言，定期检查和定期维护都能够延迟更为昂贵的大规模修复或完全的替换，从而延长绿色屋顶的使用寿命，并且从长远看来能够节省费用（Evans，2006）。有关植物定植的更多细节，请参见第4章"为长期性能和成功做准备"。

绿色屋顶的生命周期可以大致分为两至三个阶段：定植期；稳定期，即绿色屋顶系统成熟并且相对能够自我持续；也许还有年限，即从组件开始实现延长防水膜的使用寿命并提供长期的生态系统服务开始。目前最后一个阶段对于北美的粗放型绿色屋顶来说只是理论上的推断，但是使绿色屋顶系统向着这一目标发展正是维护的本质所在。

寻找合适的维护团队

选择合适的屋顶维护团队能够避免问题或将问题扼杀在萌芽中。通常，安装商会按照合同内容提供一至两年的维护。优秀的安装商从维护中得到效益，通常愿意提供长期的维护。还有一些安装商甚至愿意为其他安装商安装的屋顶提供维护服务，如果你正在寻找屋顶维护团队，那么这也许是一个好的出发点。

在安装合同的结尾处，维护服务的客户通常是建筑的业主或经理。业主或经理也许（不明智地）选择中止长期维护项目，在任何情况下，原始合同中止时，业主都应该知晓屋顶的所有相关情况，包括绿色屋顶系统的各个构件的详细说明书、植物清单、种植计划（如有），以及之前的维护记录。

位于美国费城的Roofscapes公司清楚地说明了如何实际操

作。"我们目前给客户的是一份维护项目说明和维护报告，"查理·米勒董事长说。"报告中附有屋顶的图纸，包括所有植物应该种植的位置，以及一份已核对植物的现状、开花、健康、受威胁等情况的植物清单。（客户）可以将杂草照片或问题照片发给我们。他们应该在秋天收集一份土壤样本，并在春天向我们咨询施肥事宜。"Roofscapes公司不要求客户必须为屋顶景观雇佣承包商进行长期维护，但是不向公司递交维护报告将会导致保修条款失效。

Roofscapes公司正在建立一个数据库，可以供客户在线查阅他们屋顶的维护记录和状态、植物清单，以及其他详细内容。"你可以看到所有的维护报告，投入到这个项目中的精力和时间，还有屋顶的照片，"米勒说，"这应该是人们感兴趣并引以为豪的事，也是使最少的维护和照料变得值得的事。"如果房屋建筑被卖给新的业主，或者如果一个新的团队接管了维护工作，那么诸如此类经过整理并保存下来的信息同样也会成为一种有价值的资源。

至于设计和安装，经验是选择高效提供商的最佳指导。负责维护的个人或团队必须了解他们所看到的情况。负责绿色屋顶维护的个人或团队最好对绿色屋顶和常见的绿色屋顶杂草及植物有维护经验，而并非仅了解地坪上的景观维护。如果你打算将绿色屋顶的维护移交给现场工作人员负责，那么咨询安装商或其他当地提供商是否能够提供绿色屋顶的岗前培训。

一些维护公司使用检查清单列出具体任务。但是如果这些任务的描述用词含糊——例如"检查植物"或"检查生长基质"——那么使用这个方法的团队就会仅执行动作，而不是关注屋顶系统整体的健康，而可能会疏漏有关屋顶健康和状态的重要数据。如果一个团队不能明确辨认杂草，则会放任杂草快速蔓延，吸取植物的水分和营养，继而可能破坏诸如防水卷材之类的重要屋顶构件。

　　理想的情况是将维护工作视为观察的良机。屋顶正向你诉说着什么？是否有的地方裸露，但有的地方却郁郁葱葱？郁郁葱葱的地方是屋顶植物枝繁叶茂还是杂草丛生？微气候在哪里？检查清单并不能将检查工作导向整体分析，缺乏在屋顶使用初期处理这些信息的技巧可能会使问题加剧和恶化。仅靠核对检查清单中列出的各项内容极易忽略问题的存在，但如果问题能够得到及时的处理则会使修复工作相对简单和直接。

杂草：维护工作的第一要务

　　良好的绿色屋顶维护由评估构成，依次评估、作为整体评估、对屋顶系统的每一个元素评估。但是在大多数项目中，维护工作的第一要务却是处理不属于或者说本不应该属于屋顶系统一部分的元素：杂草。

　　在屋顶系统完成安装后的最初一至两年，植物在生长基质上成熟并填满空地之前，除草通常是绿色屋顶维护的主要任务。然

如果生长基质大面积裸露，杂草找到了立足地，那么彻底清除杂草则会非常困难。

而，一些业主对绿色屋顶上的杂草并不在意，尤其在它们相对美观的情况下更是如此，但是杂草会与植物争抢营养、水分、阳光和其他资源（Allaby，2006）。此外，杂草的根系还会破坏屋顶构件，如防水卷材（Luckett，2009a）。

尽管有很多来自欧洲的、有价值的绿色屋顶维护知识，但北美的绿色屋顶却面临着不同的杂草情况。适用于如德国等国的维护机制在这里的很多地区却是不够的，例如大西洋中部，生长季里雨水多、土壤温度高导致杂草问题更加严重。所以，北美的设计师和建造师应该视情况制定维护计划，而不要被那些无需维护或只需要每年除草的欧洲案例带来的满足感所迷惑。

抗杂草设计

预先绿化的解决方案，如预先培植成熟（不只是预先种植）的植物模块或植物垫要求杂草更少，甚至几乎不能有杂草。如果负责维护的人力不够、屋顶不易上人，或者杂草压力异常高，那么设计师应该在早期就考虑这种方案。否则，在设计初期就应该拟定最初几个月或几年内以控制杂草为重点的维护计划，并且应该在项目文件中指定好实施时的明确职责。

在现场种植的绿色屋顶上，设计也会影响杂草生长。适合一些生命力顽强的耐寒多肉植物生长的较浅的屋顶系统却不适合杂草生长，尤其在植物配置已经覆盖生长基质的情况下更是如此。生长基质中有机成分含量更高的较深的屋顶系统适合更多种类的草本植物和禾本科植物生长，但同样也为杂草提供了更加舒适的环境。密集的穴盘育苗或插枝能使植物填满基质，更快地控制杂草生长。如果客户能够负担的维护有限或无法保证维护工作，那么通过设计减少杂草压力不失为一个好方法。

因为预先培植成熟的模块的定植阶段在场外完成，所以安装完成后基本不需要除草。这些模块没有裸露出塑料边缘，所以它们具有整体的外观。

现场种植的屋顶，较浅的屋顶系统不利于杂草生长，即使有杂草长出也会死去。琳达·麦金太尔摄影。

阻止它们的传播

杂草种子有无数种方法可以到达屋顶。它们会夹杂在生长基质中（见第2章"以高标准选择供应商"中对稽核供应商和避免这种情况发生给出的建议）。它们会污染施工中存放不当的优质

清除杂草时尽量留心避免杂草种子的传播。在这个项目中，生长基质受到了杂草种子的污染。在除草时，结种的杂草被遗漏在裸露的基质上，酝酿了生命周期的重新开始。

生长基质。它们会随风飘来，随小鸟飞来，或者粘在施工人员和维护人员的鞋子、衣服和工具上带来。维护团队上屋顶前应该把工具和鞋子冲洗干净，以免将地坪上的种子带到屋顶。

　　除草过程本身也可能传播杂草种子。为避免这种情况，从屋顶杂草最少的部分开始工作，把杂草最多的区域留在最后。如果杂草的种子已经成熟，那么拿一个垃圾袋或者其他封闭容器尽可能靠近拔除。不要使用带孔的容器收集杂草，例如苗圃的平式育苗盘。

了解你在寻找什么

　　杂草的辨认和拔除是维护工作的关键。虽然雇佣一个能够圆满完成这些任务的团队费用会更高，但是没有受过绿色屋顶培训的团队也许无法预防或解决这些问题，无法降低后续维护工作的难度。缺乏专业知识意味着可能需要重新调整设计，同样也会造成损失。杂草可以暴露微气候——湿度——抗逆性杂草如马尾草（加拿大蓬，*Conyza canadensis*）能反映出屋顶上的水源分布等等。有些区域更潮湿也许仅仅是因为那里更阴凉，或者也可能是排水出了问题。有经验的团队能够准确地评估诸如此类的问题。责任员工或团队即使没有接受过园艺方面的培训，至少也应该有一份屋顶种植植物和区域内常见杂草的附图清单（参见"资源"中推荐的杂草指南）。

场地条件也会对杂草压力和需要控制的植物品种产生影响。屋顶上方是否有诸如枫树之类的会长出很多树苗的树？附近是否有茂盛的草场会使大量的种子随风飘落到屋顶？是否有空地已长满入侵植物？场地是否铺装过，维护人员可能会把大戟（Spurge）或苜蓿（Clover）的种子粘在鞋底带上屋顶？全面彻底的场地分析信息会提升维护项目，并且使团队对可能会面临的问题有所准备。对于面积较大的场地，有效控制地坪部分的杂草生长能够减轻屋顶的杂草压力。

在花园中，绿色屋顶上的杂草也可能是一株漂亮的植物，即使它是种植设计的一部分，仅仅生长在错误的位置。植物适应新环境、生长、以不同速度繁殖，如果设计反映了植物品种的平衡，那么也需要通过维护保持这种平衡。维护团队应该全面了解

草地作为种植设计的一部分，能够大面积自然播种。如果业主想要保持种植设计，就不得不对其加以控制。

种植设计，如果一种植物激增使其他已种植的植物受到排斥——
这也许是草地出现的问题——可以加以消减或控制。

了解杂草的生命周期有效加以控制

了解杂草如何生长和结籽的基本知识有助于更有效地控制
它们的生长。这部分所举的例子并不是绿色屋顶常见杂草的详
细清单；它们只是针对维护团队在任何地区都可能见到的杂草
给出图解。

一年生植物

一年生杂草在一个单独的生长季里发芽、结籽、凋零。它们
中大多都生长速度快，结籽量大。如果不加以控制，它们会给绿
色屋顶的维护带来极大的困难。

斑地锦（*Euphorbia maculata*，*Spotted spurge*）大戟属植物
大戟是在几乎任何气候下都常见于绿色屋顶的速生一年生

左下：斑地锦（*Euphorbia maculata*）

右下：细小的大戟幼苗只需两周
时间就能长出有生命力的种子。

杂草。当晚春时节天气转暖时，种子在土壤中发芽。有时发芽后两至三周内就能长出成熟的种子。当空气潮湿时它们会变得有黏性，粘在小鸟的脚上或工人的鞋子、工具或衣服上，因此容易传播。

控制：这种植物喜欢开阔地，是绿色屋顶安装完成后、植物定植前首先要面对的最棘手的问题。小范围内可以拔除。小型丙烷火炬，使用时加以小心，能够烧掉这种植物和有生命力的种子。除草剂虽然能够控制大戟，但是也必须考虑到使用它的不良后果。

加拿大蓬（*Conyza canadensis* 同 *Erigeron canadensis*）

马尾草（*Horsetail*）、杉叶藻（*Mare's tail*）、加拿大蓬（*Horseweed*）马尾草常见于贫瘠的土壤和空地，且广泛分布于北美。开花期为仲夏至秋季。秋季或春季霜冻退去时，种子成熟后迅速发芽。夏季发芽的种子会以莲座叶丛的形态过冬。

控制：马尾草在生长初期阶段很容易从绿色屋顶基质中拔除。

左下：加拿大蓬。

右下：莲座叶丛，马尾草的幼苗，易于从粗糙的绿色屋顶基质中拔除。

猪殃殃

猪殃殃（*Galium aparine*，*Bedstraw*）

这种植物广泛分布在北美。于早春发芽并能够持续发芽至初秋。猪殃殃匍匐于地面生长、喜攀缘，能够攀爬到绿色屋顶的植物上方遮挡阳光。

控制：在其成熟前拔除比较有效。

多年生植物

多年生杂草在冬季休眠后从根部重新生长。虽然它们不像一年生杂草那样大量结籽，但是必须将它们彻底清除，包括所有根部组织，以避免重新生长。

猫耳菊（*Hypochaeris radicata*）普通的或带毛的猫耳菊（*Cat's ear*，*False dandelion*）这种多年生的杂草常见于喀斯喀特山脉西部。种子发芽后长成莲座叶丛，植物成熟时长茎顶端长有形似紫菀的黄花。

控制：在开花前的莲座叶丛阶段除草，确保将整个根群彻底清除。

猫耳菊

左上：蒲公英

右上：白花三叶草

蒲公英（*Taraxacum officinale*，*Dandelion*）

这种多年生的杂草通过风播种发芽，广泛分布于北美。多在裸露的基质上发芽，但因主根的缘故也会靠近其他植物生长。全年保持莲座叶丛形态，只要气候适宜就能开花。哪怕只剩一小块残根也能长出新的莲座叶丛。

相似品种：猫耳菊（*Hypochaeris radicata*）、山柳菊（*Hieracium pratense*）、菊苣（*Cichorium intybus*）

控制：开花前拔除或定点喷药。

白花三叶草（*Trifolium repens*，*Dutch clover*）

三叶草，一种常见且分布广泛的丛生地被植物，匍匐生长且再生性好。通过种子和匍匐茎上的茎结生根传播。

相似品种：红三叶草（*Trifolium pratense*）、草莓三叶草（*Trifolium fragiferum*）、兔脚三叶草（*Trifolium arvense*）、鸟足三叶草（*Lotus corniculatus*）、酢浆草（*Oxalis*）

控制：三叶草一旦定植就很难清除。如果在其生长初期没有有效地补救，那么使用移除已种植的植物和生长基质，或者反复使用除草剂等强力又昂贵的措施也许是清除三叶草的唯一方法。

禾本科植物

禾本科植物（*Gramineae*）是世界上最成功的植物家族之一，包括近8000个种类。它们广泛分布在各种气候中，因此绿色屋顶的杂草病害有多种传播途径。禾本科杂草包括一年生和多年生，它们都能结出大量的可多年保持活性的种子。

金色狗尾草（*Setaria glauca*，*Yellow foxtail*）

常见的一年生禾草，夏季发芽。每株可以结3000个活性种子。

相似品种：大狗尾草（*Setaria faberi*）、青狗尾草（*Setaria viridis*）

控制：金色狗尾草在生长初期很容易拔除。但是如果放任其生长，绿色屋顶生长基质可能会出现大量杂草，并会殃及周围的植物。

马唐（*Digitaria sanguinalis*，*Large crabgrass*）

这种一年生杂草根系发达，能够从根节点生长新植物。马

金色狗尾草

唐能够在几乎所有土壤类型中生长，并且在极低的营养环境中成活，这使得用脱水或割草的方法对绿色屋顶加以控制更加困难。

相似品种：止血马唐（*Digitaria ischaemum*）、升马唐（*Digitaria ciliaris*）

控制：如同所有杂草一样，发芽后越早清除越能省去将来的麻烦。

马唐

树苗会损坏绿色屋顶的构件，应尽早清除。

树木

树木的幼苗可能会给绿色屋顶带来严重问题。它们能够长出发达的根系，在防水膜的缝隙中获取水分，破坏防水膜的完整性，导致漏水。应该在树苗生长初期尽早将其清除。樱桃（李属*Prunus*）、桑葚（桑属*Morus*）和其他水果都是小鸟喜欢的食物，如果附近有这些树，屋顶上就会出现很多它们的树苗。其他品种，比如枫树（槭属*Acer*）和棉白杨（杨属*Populus*），它们的种子也会随风传播到附近的场地。

控制定植的杂草

任何景观都避免不了杂草的困扰，绿色屋顶也不例外。控制杂草生长其实并不困难，也不昂贵，更不必使用有毒的农药。

通常很容易就能将杂草从绿色屋顶的生长基质中拔除。

手工除草是最佳方法

清除绿色屋顶杂草的最佳方法是手工拔除。手工除草通常在绿色屋顶上很容易做到，因为大颗粒和较少的细碎颗粒将土壤团聚在一起构成生长基质，这样的生长基质比花园土壤松散，所以根部不太牢固。每年至少除草两次——理想的情况是三至四次——并且要设定好时间使杂草没有机会结籽。

有效地良性破坏

可以用喷射火炬或有机物质如无生态危害的园艺醋消灭杂草。园艺醋中的乙酸成分能够破坏细胞膜，继而使植物干燥脱水，而且对土壤没有影响。然而，它对人类皮肤有刺激性，能够造成严重的眼部损伤。家用醋，乙酸含量仅5%，相比浓度高达20%的商用制剂效果要差得多（Webber et al.，2005）。

左上：小心地使用小型丙烷火炬烧掉杂草和它的种子，既不伤害多肉植物又能有效控制杂草。

右上：如果必须使用化学除草剂，最好用海绵在杂草叶子上小心涂擦，避免接触到生长基质。

谨慎使用化学控制方法

有时由于时间原因或杂草问题严重，则会冒险使用常见的化学除草剂，比如草甘膦。这些化学产品对绿色屋顶杂草有效，它们被设计在黏土中使用。但化学除草剂有污染水质的潜在危险，因为屋顶的基质较浅，而且相对缺少细碎颗粒，所以它会在雨水径流中渗出屋顶。尽管有些标明在水中使用，但目前尚未有任何除草剂标明用于绿色屋顶。如果你的屋顶排水管直接排水到雨水沟，那么实质上你是在管理着一个水体系统。

虽然关于在绿色屋顶上使用这些化学制剂造成的生态问题的严重性还没有定论，但是面对诸多的未知，小心谨慎才是明智的做法。如需使用这些化学除草剂，一定要确保只喷涂在植物上。例如草甘膦可以用海绵涂擦在叶子上，以避免从基质中淋滤出来。

苗前处理除草剂，例如氟乐灵和异噁酰草胺，对绿色屋顶杂草控制也很见效。但是这些化学制剂并没有标明可以在近水区域使用。正如前文所述，目前的研究并不足以评判这些化学制剂随雨水径流到大环境中产生的影响，所以应该谨慎使用，避免在有水的场地、径流排入水体的地方使用。苗前处理除草剂也可以阻止绿色屋顶上交播的植物发芽，因此，负责杂草控制的个人或团队，应该注意到所用的防控方法可能带给维护项目其他方面的影响。

维护植物和土壤的健康

经常关注新栽植的植物和生长基质和对出现的问题及时补救有助于绿色屋顶系统的健康和持久。屋顶状况和绿色屋顶生长基质的特点决定了它的维护方法要区别于地坪景观。

保持新安装的穴盘苗牢固、水分充足

对于维护而言，保持适宜植物的健康与清除不适宜植物一样重要。从对植物健康的全面观察中可以了解到屋顶的综合

左下：刚栽种的穴盘苗可能会歪倒或被小鸟拔出。时常轻踏它们使其根部重新埋入基质中。

右下：可生物降解的网有助于保护新栽种的植物定植。

信息和绿色屋顶系统的运行状况。在新安装的屋顶，穴盘苗可能会歪倒或被好奇的小鸟拔出。耐寒多肉植物在这种情况下通常还可以存活，可以重新栽种。在较小的屋顶上，只需轻踏脱离土壤的穴盘苗使其较深地插入生长基质，通常就能解决问题。黄麻网或临时放置的移动检测洒水器可以阻止小鸟的活动。

如果栽种的植物生长缓慢，那么首先检查一下土壤的湿度。可能会出现水分无法将肥力供给到根部的情况——基质需要保持湿润才能与穴盘苗或插枝紧密贴合。但水分会很快渗透到绿色屋顶组件下方，尤其是在新植物的根系蔓延开以前。

在屋顶上交播多肉植物穴盘苗和插枝以加快表面覆盖。琳达·麦金太尔摄影。

增加合适的植物品种提高表面覆盖率

良好的观察技巧是有效维护的关键。在植物已定植的屋顶，维护人员应该检查是否一些植物已经迁移到特定的区域，并且尝试判断植物对环境条件的喜好。是否那里风力更小或更加阴凉？是否生长基质更深？多栽种一些在屋顶特定或全部区域生长茂盛的穴盘苗、插枝或种子，这样有助于提高植物覆盖的完整性，加强屋顶的功能性，使将来的维护更轻松，还可以提升屋顶的外观。可以利用微气候改善种植，或通过对其进一步研究解决潮湿区域的排水问题。

调研问题区域

虽然不同品种的植物生长速度不同，生长速度也会受到微气候条件的影响，但是对于出现大面积顶梢枯死或生长迟滞的区域应该立即深入调查。这些情况可能暗示着包括生长基质在内的某些方面出现了问题。是否这里的生长基质更浅或者成分不同？也

即使大多数植物都很健康，一些区域仍然会发生顶梢枯死的现象。

屋顶的基础设施会影响植物的健康。在这个屋顶，金属离子的渗透已经使植物受到胁迫。

许需要平整基质或添加养分以使植物健康生长。是否是建筑结构的原因——也许机械设备使基质温度升高——影响了屋顶的这个区域？也许这些区域应该种植生命力更强的植物，或者应该铺放碎石或铺路材料。

寻找逆境胁迫、虫害和病害的迹象

维护团队应该记录植物地面部分和根部的健康状况和生长速度。在安装后的几周内，植物应该开始适应场地条件和新环境。你应该能够看到健康的新枝芽。如果在植物周边向下挖，应该看到新的白根扎进生长基质。

定植期间水分过少会使植物枯萎和根群萎缩。淡绿色或黄色的叶子是萎黄病的病征，由缺铁引起。植物从中心逐渐死去或者出现虫害可能是病害的征兆——害虫通常会寻找受逆境胁迫的植物下手。越早发现问题，越可能减少补救的开支，成功的概率也就越大。

维护团队应该检查屋顶的基础设施是否有损坏。灌溉系统是否出了问题，或因调节不当导致水量过多？排水管是否被植物、基质或其他碎屑堵塞，导致组件积水？是否暖通空调设备或其他穿管反射的阳光导致植物过热？有时需要调整种植设计以适应这些情况。

如果维护团队没有丰富的园艺知识，那么他们就不应该仅仅通过增加灌溉、施肥或使用杀虫剂来看效果。对于绿色屋顶，尤其是造价昂贵的绿色屋顶，灌溉和施肥过量造成的后果远比不足严重得多。

保持肥力均衡

有时可以通过维护来预防植物的逆境胁迫。例如，灰霉病葡

当植物生长在高度肥沃的环境中时，它们会长得过高并下垂，因而感染真菌。用小型割草机或杂草修剪机清除枯死的花和穗头可以预防这个问题。

萄孢菌是一种滋生于植株残体上的真菌。当生长在肥沃环境中的植物高于正常株高时，花梗的重量会压倒植物的茎，使贴近生长基质表面的空气封闭受阻。植物通常可以恢复健康，但是真菌会造成顶梢枯死。定期检查土壤肥力和清除枯死的花和穗头有助于预防此类问题。

绿色屋顶的维护目标是保持指定植物的肥力充足，而不是肥力过剩导致养分过滤到屋顶或者为杂草和病害提供温床。在地坪上，多余的肥力很少给植物带来直接伤害。但是如果维护人员更习惯于管理草皮和多年生苗床，那么了解绿色屋顶的不同需求则尤为重要。

保持土壤的完整性

在理想的世界里，每个绿色屋顶上的生长基质都应该适合指定的植物配置。如果植物持续出现问题，且似乎与上文描述的情况无关，那么问题可能出在基质上。如果基质的指定或混合不当，就可能无法为植物提供良好的环境。

即使尽最大努力，但缺乏通用标准和可靠数据也难于评估一个特定的项目用哪种类型和成分的基质最好，尤其如果是多肉植物以外的品种占植物清单的主要部分。有成功项目的业绩、熟悉FLL（德国景观研究协会）和ASTM（美国材料与试验协会）指南和方法的供应商更有可能为你的项目提供合适的材料。即便如此，仍可能会发生问题。

在定期维护的时候，应该检查基质以确保它的深度与设计说明一致。风力、压力，或有机物料的腐烂都会造成基质减少，进而危害植物的健康。

在第一个生长季，优质的生长基质能够为植物提供足够的有机质。在那之后，通常只需每年使用少量的缓释肥。但如同花园里的土壤一样，绿色屋顶的基质也应该定期检查——理想的情况是每年一次。这样可以及时发现问题，有助于预防重大损失。

基质的问题经常与土壤颗粒分布有关。基质的细碎颗粒过多会影响过滤和排水系统，使环境持续潮湿导致植物死亡、构件损坏，渐渐破坏屋顶平台的结构完整性。基质可能会失去几乎所有的孔隙率，干燥成砖一样的密度。通过测试可以了解基质的颗粒分布是否合适。

测试还能反映出化学特性、水和空气指标，以及养分平衡。在缺乏定期测试的情况下，死亡的植物和苔藓暗示着养分不足，而杂草压力大则是养分过剩的信号。诸如此类的指示信号应该在具有绿色屋顶土壤和园艺经验的实验室测试跟进。

维护团队也许不能解释测试结果。如果实验室不负责解释，确保找到某位实验室人员，或者能看懂测试结果并能给出补救建议的其他专家。

维护绿色屋顶的非绿色元素

绿色屋顶的维护不仅仅涉及园艺。必须监测所有的屋顶元素以确保它们的功能正常。如果出现问题,屋顶的整体性和植物的健康都会受到危害。

排水管和排水性

保持绿色屋顶的排水性良好非常重要。屋顶积水过多会使结构承载力负担过重,造成损坏甚至倒塌。发生顶梢枯死的区域可能排水性较差。找到积水、不一致的土壤湿度和苔藓等其他指示信号。定期检查地面排水管,并且清除容易使之堵塞的植物和碎屑。对于其他方面的维护,明确定义此类维护任务有助于维护团队提供最好的服务。

避免植物堵塞排水管。

铺路材料之间的植物生长范围可依个人喜好而定，应该在维护合同中加以说明。

硬质景观

对于铺装过的屋顶，维护团队应该在维护时检查铺路材料是否完整和牢固。此外，绿色屋顶硬质景观的维护要求可以主观决定。如果铺路材料之间长出了杂草，那么应该予以清除避免其自我播种。地被植物也会长在铺路材料之间。有些客户喜欢这种设计的软化效果，但有些客户却不希望裸露的空间上有任何植物。应该在维护合同中清楚地说明这些问题。

灌溉

大多数粗放型绿色屋顶在植物定植后并不需要灌溉。但如果

暴露且弯曲的灌溉管道很可能无法正常使用。如果绿色屋顶安装了灌溉系统，那么应该在维护时定期检查。

安装了灌溉系统，就需要加以维护。在冰冻的气候里，内置灌溉系统应该至少每年检查两次。春季启用灌溉系统时，维护人员或团队应该检验它是否完好无损且功能正常，所有传感器是否都已校准。秋季时，应该将管道里的水排干避免发生冰冻损坏。应该经常检查和调整自动灌溉系统。

如果园艺的维护与灌溉系统的维护分开进行，那么维护人员应该注意灌溉系统，以便了解植物正在（或应该）定期灌溉，在进行其他的维护工作时要防止损坏灌溉系统的构件。维护人员应该检查是否有漏点，以及在阳光照射下会降解的暴露的管道。

暖通空调（HVAC）和其他系统

建筑的采暖、制冷和通风系统常常会影响到附近的植物。采暖、干燥通风和反射的阳光会使植物受到逆境胁迫，而且过多的水分凝结会使杂草滋生。穿管投射的阴影会形成一个受保护的微气候或者使植物生长困难。一旦杂草在这些地方生根，就很难从这种尴尬的空间中清除。有时在这些地方铺装粗砾石可以有效地

偏好某种特别的颜色和设计，但很少有人愿意为不停的补种支付费用。

有些项目中绿色屋顶系统的设计无法维持指定植物的生长。这种情况可能是因为设计师习惯于地坪设计，对植物所需的屋顶种植条件考虑不周。在某些情况下，制定出能够为这些植物提供灌溉和保护的设计是有可能的。但是在造价昂贵的系统上不经考虑地种植各类植物并妄想它们会枝繁叶茂，这无疑会以失败告终，而且还需要补救。

当杂草侵害严重时

遍地杂草的景象并不是大多数业主在绿色屋顶设计之初脑海中构想的画面。然而，这种情况偶尔也是可以接受的。为合乎建筑规范或雨洪管理而安装的不常观赏的屋顶也许很适合杂草繁多的州，以至于业主不想花钱补救。

更多的时候，业主想要（或合同中规定）进行补救。仅仅将枯死的植物替换掉，虽然不是完美的解决办法，但却相当容易做到。相反，如果纵容杂草占据屋顶，那么补救工作就会更加复杂。首先业主、顾问或维护团队需要确定是否毁掉杂草种子库比在干净的生长基质上重新开始更加费力。如果可能的话，在基质的物理特性合适的情况下，消灭杂草比移除并重新铺装生长基质更加容易。

对杂草施以强力且持续的干预，在结籽前将它们除掉应该就足够了。虽然也可以谨慎地喷洒农药根除种子库，但最好的方法是人工拔除。每拔掉一株杂草，更多的生长基质就会暴露在空气中，提供了新的发芽机会，因为大多数杂草在土壤顶部0.25英寸（0.6cm）处发芽。对于没有太多基础设施或穿管的大面积的现场安装的绿色屋顶，黑色塑料薄膜产生的热量能够杀死草籽。当杂

这个屋顶原来的种植中包括本地多年生草本植物，但基质的深度和颗粒分布不适合这些植物生长。几乎没有任何指定的植物得以成活，但杂草幼苗的数量却激增。顾问正在与业主商定改为种植更加合适的多肉植物。

草不再发芽时，可以开始重新种植。

新基质：最后的选择

　　移除并替换生长基质，尽管不是一件容易事，但有时却是挽救项目的唯一选择。作业时须注意避免不必要的暴露或损坏防水膜在内的其他构件。即便如此，仍然可能导致其他构件的保修失效。因此，打算更换生长基质的业主应该与防水膜的厂商确认保修信息和能够减少施工过程中造成损坏的建议。他们也应该查看记录，看看绿色屋顶的安装商是否提供移除和替换的保修。

Dansko公司的屋顶正值开花时节。

样品说明

此份样品说明由马里兰州绿色屋顶服务有限责任公司（Green Roof Service LLC）友情提供。它举例说明了与本书第4章"绿色屋顶作为休憩空间"中讨论过的Dansko公司总部相似的项目过程。

第一部分　综述

1.1　工作内容概述

A. 绿色屋顶系统：如概念设计图中所示，一套完整的绿色屋顶系统包括：保护织物、排水管、检查箱、颗粒排水层、过滤织物、生长基质、种植物料、排水石以及铺路材料。

B. 动员：提供项目所需的所有人力、材料、物流、服务、设备，包括临时的交通障碍物和街道上的装卸区；用于吊装材料的吊车、升降机或起重机；垃圾装卸卡车；项目实施需要的各种许可证和审批材料。

1.2　定义

A. 隔离保护垫：一种织物，用于将根系与绿色屋顶系统分隔开并保护根系不受机械撞击，兼具储水功能。

B. 嵌条：用于从水平方向隔离不同材料的L形金属板。侧墙需要开槽以免下水堵塞。

C. 排水箱：安装在屋顶排水管上的带盖子的箱子，使水绕过其他材料流到排水管中。盖子必须可以封闭且带孔。

D. 排水渠：颗粒排水基质中嵌入的三角形的部分（横截面），用于将多余的水引流至屋顶排水管和排水口。

E. 排水石：抗浮且排水性好的粗颗粒材料，如河石或碎石。

F. 排水基质：如轻砂石之类的颗粒材料，有充足的空隙使多余的水流向屋顶排水管，同样也为植物保持水分。

G. 过滤织物：一种将土壤基质和排水层分隔开的材料。细碎和有机颗粒无法穿过这种织物，但根系能够穿过它生长。

H. 生长基质：生长基质中含有为粗放型绿色屋顶多种施工进程设计的轻质矿物质和有机成分。

I. 铺路材料：一种用作露台表面和小路养护的材料。

J. 基床：一种用于校平和浇注的颗粒材料，用在铺路材料下面。

K. 穴盘苗：栽植在多单元格穴盘中的植物。单元格的大小取决于每张穴盘的格子数量。

1.3 提交资料

A. 产品数据：指定的每种绿色屋顶产品，包括能证明材料符合标准的数据。

B. 绿色屋顶系统的所有构件都由单一供应商负责。

C. 替代材料只有被证明与第二部分中列出的材料等效的情况下才可以使用。替代材料的样品、规格、检验报告须与提案一同提交。替代材料的尺寸要求：12平方英寸（30cm²）的织物；1加仑（3.8L）的袋装颗粒材料；1英寸（2.5cm）的嵌条。

1.4 保修

A. 承包商提供为期至少一年的工艺质量保证。绿色屋顶承包商应保证一年内植物健康茂盛、所有绿色屋顶构件功能正常。

根据州法律、政府法律或法规，承包商的保修条款中不应限制承包商应履行的责任。

1.5 维护计划

A. 绿色屋顶承包商应提供所有绿色屋顶维护的必需品，以确保绿色屋顶系统在为期一年的时间内功能良好。包括但不限于，除草、施肥、灌溉、更换死亡的植物。

第二部分　产品

2.1　绿色屋顶材料说明

A. 保护垫：回收聚丙烯再生料制成的无纺土工织物，具有抗刺穿性且每平方英尺可储水0.10加仑（每平方米4L/m²），是提供保护和补充水分的理想材料。

　　重量：每平方码15盎司（500g/m²）

　　产品：Optigreen标准保护垫或同等产品

　　供应商：Conservation Technology，1.800.477.7724或 sales@conservationtechnology.com

B. 嵌条：由60密耳（1.5mm）回火铝合金制成的L形状的金属板系统，垂直段带孔便于渗水。嵌条系统包含连接器以避免元件与预制件之间的转角留有空隙。

　　尺寸：6英寸（15cm）高和宽

　　产品：Optigreen铝质封边或同等产品

　　供应商：Conservation Technology，1.800.477.7724 或 sales@conservationtechnology.com

C. 排水箱：由防紫外线的ABS塑料制成的侧面带水流孔的正方形检查箱。可锁的盖子上带有径流孔。

　　尺寸：1平方英尺（0.09m²）

　　高度：4英寸（10cm）

　　产品：Optigreen排水箱或同等产品

　　供应商：Conservation Technology，1.800.477.7724 或 sales@conservationtechnology.com

D. 排水渠：黑色ABS塑料制成的排水元件，每个面都有开槽。独特的三角形横截面使表面面积最优化并能阻止排水渠上浮。三角T型接头用于将三角形的排水渠连接至排水总管。独特的末端联锁设计可以旋转90度且无需组装工具。预计每40平方英尺（3.7m²）绿色屋顶使用一个排水渠元件，每六个排水渠元件使用一个T型接头。

　　尺寸：排水渠元件是40英寸（100cm）长，2英寸（5cm）高

　　产品：Optigreen三角形排水渠或同等产品

　　供应商：Conservation Technology，1.800.477.7724 或sales@conservationtechnology.com

E. 排水石：用于无种植的环境中的碎石。

　　骨料类型：3/4～1英寸的河石。

F. 排水基质：符合德国FLL绿色屋顶指南的多层建筑物的粗放型绿色屋顶使用的颗粒状排水材料。这种材料应该是所有矿物成分的混合物且满足以下要求：

　　粒度分布

　　　　存留US 3/8（d=9.50mm）：0～15质量百分比

　　　　存留US #4（d=4.75mm）：70～90质量百分比

　　　　存留US #8（d=2.36mm）：93～100质量百分比

　　　　存留US #16（d=1.18mm）：95～100质量百分比

　　　　泥浆成形成分比例（d≤0.063mm）：≤10质量百分比

　　表观密度（容积重量）

　　　　干燥时：<0.70 g/cm³

　　　　最大持水量时：<0.95 g/cm³

　　水分和空气管理

　　　　透水性中等Kf：≥180 mm/min

　　pH值、盐分

　　　　pH值（氯化钙）：6.0～8.5

　　　　盐分（石膏提取）：≤2.5 g/L

　　其他要求

　　　　不含任何危害植物的有毒物质

　　　　具有耐燃性

　　　　具有抗冻性

　　建议产品：Rooflite的排水材料或同等产品。

　　供应商：Skyland USA LLC，1.877.268.0017或www.skyland.us

G. 过滤织物：回收聚丙烯再生料制成的无纺土工织物，相比常规过滤织物更不容易阻塞。是将绿色屋顶土壤基质和排水层分隔开的理想材料。

　　重量：每平方码6盎司（22g/m²）

产品：Optigreen隔离织物或同等产品

供应商：Conservation Technology，1.800.477.7724 或 sales@conservationtechnology.com

H. 生长基质：符合德国FLL绿色屋顶指南的多层建筑的粗放型绿色屋顶使用的绿色屋顶生长基质。这种材料应该是矿物质和有机成分的混合物且满足以下要求：

粒度分布

通过US #100（d=0.15mm）：≤22质量百分比

通过US #50（d=0.3mm）：≤32质量百分比

通过US #30（d=0.6mm）：≤44质量百分比

通过US #16（d=1.18mm）：12～55质量百分比

通过US #8（d=2.36mm）：35～75质量百分比

通过US #4（d=4.75mm）：53～95质量百分比

通过US 3/8（d=9.50mm）：80～100质量百分比

泥浆成形成分比例（d≤0.063mm）：≤15质量百分比

表观密度（容积重量）

干燥时：<0.85 g/cm^3

最大持水量时：<1.35 g/cm^3

水分和空气测量值

总孔容积：≥65容积百分比

最大持水能力：≥35容积百分比

最大持水量时孔隙度：≥10容积百分比

透水性（饱和导水率）：≥0.024 in/min

pH值、盐分

pH值（氯化钙）：6.5~8.5

盐分（水分提取）：≤3.5 g/L

盐分（石膏提取）：≤2.5 g/L

有机物质

有机成分：65 g/L

其他要求

不含任何危害植物的有毒物质

不含能够发芽的种子

不含能够发芽的植物部分

不含外来物质

具有耐燃性

具有抗冻性

建议产品：Rooflite的Extensive MC材料或同等产品。

供应商：Skyland USA LLC，1.877.268.0017或www.skyland.us

替代产品要求提交FLL测试证书和材料样本。

I. 铺路材料：用于露台表面和小路养护的混凝土铺路材料。

尺寸：2英尺×2英尺×2英寸

颜色：灰色

J. 基床：基床材料应该由膨胀页岩或膨胀黏土等抗冻轻质骨料构成。颗粒尺寸：3/16～1/4英寸。

注意：上文中指定的颗粒排水材料也可以用作基床材料。

K. 穴盘苗：

景天属"德国景天"（*Sedum 'immergrunchen'*）：72孔穴盘

白花景天"壁画"（*Sedum album 'Murale'*）：72孔穴盘

白花景天"珊瑚礁"（*Sedum album 'Coral Carpet'*）：72孔穴盘

岩景天"安吉丽娜"（*Sedum rupestre 'Angelina'*）：72孔穴盘

堪察加景天（*Sedum kamtschaticum*）：72孔穴盘

堪察加景天变种多花"金唯森"（*Sedum kamtschaticum var. floriferum 'Weihenstephaner Gold'*）：72孔穴盘

反曲景天（*Sedum reflexum*）：72孔穴盘

六棱景天（*Sedum sexangulare*）：72孔穴盘

假景天"福尔达燃烧"（*Sedum spurium 'Fuldaglut'*）：72孔穴盘

假景天"Roseum"（*Sedum spurium 'Roseum'*）：72孔穴盘

假景天 "*White Form*"（*Sedum spurium 'White Form'*）：72孔穴盘

岩石竹（*Talinum calycinum*）：72孔穴盘

推荐植物供应商：Emory Knoll Farms, 410.452.5880或www.greenroofplants.com

第三部分　实施

3.1　总述

A. 所有构件都由单独一个承包商安装。系统各层的安装都要避免刺碰到任何先前已安装好的构件。

3.2　调研

A. 在投标和施工前，承包商应该先进行场地调研，熟悉现有条件。

B. 保护防水膜是第一要务，对于防水膜的任何怀疑或可见的损坏都应在第一时间上报给项目经理。

3.3　屋顶保护

A. 合理安排工作顺序，避免将新完工的屋顶平台用于贮藏、行走和安装设备。如若非用不可，承包商应提供所有必要的保护和屏障将工作区域隔离开，以防止破坏到相邻地区。施工期间车辆通行的所有屋顶区域都应该用胶合板和聚酯毡做好保护。

B. 在安装前和安装过程中，应及时清理所有灰尘、碎屑和废料。

C. 职业安全与卫生管理局（OSHA）建议，承包商应遵守所有安全法规。

D. 如果屋顶防水膜系统遭到破坏，水渗透到已完工的屋顶的下方结构中，则由承包商承担清理和更换受影响区域的费用。

3.4　交货、贮藏、处理

A. 材料交货时应为原包装未拆封。

B. 适时地运送所有材料和植物以使场地贮藏量最小化。

C. 贮藏材料不要超过屋顶平台的结构承载力。

D. 在制造商推荐的环境条件下贮藏材料。

E. 及时清除场地上损坏的材料并更换新材料。

3.5　绿色屋顶系统的安装

A. 过滤织物：将隔离保护垫安装在整个防水系统上面。搭接焊接缝至少4英寸（10cm），平头焊接缝使用热风焊枪或加水固定织物。女儿墙、墙体和能渗透到防水膜的任何部分都应从屋顶防水层的水平面起遮盖4英寸（10cm）高。按照排水管的尺寸，在织物上给所有屋顶排水管穿孔。剪切织物时不要使用刀子，应该使用剪刀。

B. 嵌条：将金属板放置在隔离保护织物上面。在所有元件之间安装连接器，参照平面图仔细对齐所有边。在所有90°和270°转角处使用预制转角零件。

C. 排水箱：按照供应商的建议，组装并在所有屋顶排水管上安装排水箱。将排水箱放置在保护垫上面。

D. 排水渠：为达到最佳性能，屋顶的每个点都应布置在排水渠的两个渠道长度以内。布局模式应按照供应商的建议。

E. 排水石：按照绿色屋顶设计图的指示，在保护垫上的所有区域内放置排水石。小心地分配和放置石材，避免损坏屋顶结构和防水膜。将排水石找平至2英寸（5cm）厚。排水石条应为18英寸（45cm）宽。

F. 排水基质：颗粒状排水材料在屋顶的分配应以不突然增加屋顶负荷的方式进行。应立即铺开基材并找平至指定的深度2英寸（5cm）。

G. 过滤织物：用过滤织物覆盖排水基质和排水石条。使用剪刀剪切织物，搭接焊接缝至少4英寸（10cm）。在最大范围内尽可能避免在过滤织物和排水面上行走。使用胶合板或其他等效材料对经常使用的区域加以保护。在生长基质铺装完毕、景天属植物插枝蔓延开来后，切掉所有覆盖在排水石上的材料，并且仔细修剪所有边缘。

H. 粗放型土壤层：将生长基质置于过滤织物上。应以不突然增加屋顶负荷的方式完成基质在屋顶的分配。避免将生长基质散落在过滤织物的搭接焊接缝处。在最大范围内尽量减少在粗放型土壤层已找平的表面上行走。使用胶合板或其他等效材料对经常使用的区域加以保护。将粗放型土壤层找平。要考虑到这种材料通常的压实率。压实和固结的生长基质的深度应为2英寸（5cm）。生长基质的铺装说明：避免超过屋顶平台的结构承载力。避免重荷突然撞击屋顶。避免影响到绿色屋顶系统下方各层的完整性。避免生长基质散落到过滤织物下面。避免生长基质污染到周边地区。观察指定的基质深度。经常检查已铺好的基质的深度。考虑压实度。避免将已铺好的区域用于交通运输。对用于交通运输的区域加以保护。根据技术规格和图纸找平表面。避免生长基质产生污染。保护生长基质的完整性。

I. 铺路材料：将基床材料铺在保护垫上，并平整为2英寸（5cm）厚的一层。将铺路材料铺在找平后的基床材料上。铺完的表面必须平滑、均匀，且材料间不能有空隙。

J. 种植：应每平方英尺种植两片植物随机分布以营造草地效果。植物的根系应完全埋入生长基质中，并且植物周围的生长基质应压紧。避免在种植区域行走，并清除种植区域的脚印。用水彻底浸湿种植区域。

3.6 维护

A. 灌溉：目的是避免干旱造成损失，同时取得抗旱的绿化。无法预计确切的工作量，当地气候条件会产生显著的影响。在最初几个星期内，无大量降雨或灌溉的周期不应超过两至三天，视温度而定。两个星期后，当植物开始适应基质时，无降雨或灌溉的周期可以逐渐延长。四个月后，灌溉频率可以降至最低。一旦植物完全定植，它们能够忍受的干旱期可以持续几个星期。

B. 除草：绿色屋顶是大自然的一部分，使用的是天然材料。虽然材料供应商会尽可能除掉杂草，但难免会不够彻底。一些杂草种子甚至可以靠空气传播。因此，首要目标是避免杂草幼苗有机会生长和播种。

在安装完成后的最初几个月里，应每周检查绿色屋顶的杂草生长情况。手工拔除所有杂草并装进塑料袋或容器里以避免传播种子。初始阶段结束后，应至少每月除草一次。仅3~10月期间有必要每月除草。不要使用化学除草剂。

C. 修剪和修整：需要通过修剪和修整保持植物的外观和健康。

D. 植物的替换：及时移除和替换死去的植物。

E. 清理：清理所有残留碎屑的区域。保持已铺路面和碎石条不妨碍植物生长。定期检查屋顶排水管，必要时加以清理。

F. 期限：本合同适用的维护工作自安装完成起一年止。

3.7 现场质量控制

A. 安排项目经理检查绿色屋顶安装的完成情况，通过第三方检验安装是否合格。

B. 提前72小时将检验相关事项通知业主。

C. 绿色屋顶的最终完工情况应符合产品说明和行业标准。

3.8 竣工

A. 竣工前应由业主和项目经理检验工程情况。所有缺陷、与产品说明不符的情况，或其他建议必须在竣工前由承包商及时修正。

B. 所有保修应于最终付款前通过验收。

资源

　　网络上和印刷品中有很多关于绿色屋顶的信息。包括这份在内，没有一份清单是全面的或者长期都是最新的。但以下是一些能够更多了解绿色屋顶的实用资源。

关于绿色屋顶技术和研究项目的综合信息

　　美国科罗拉多州立大学的绿色屋顶相关信息：

http://greenroof.agsci.colostate.edu/

　　美国哥伦比亚大学气候系统研究中心

　　绿色屋顶场地允许访客对若干个检测项目的数据进行比较（点击屏幕右侧的链接获取项目信息和数据图表）：http://www.ccsr.columbia.edu/cig/greenroofs/

　　美国哥伦比亚大学可持续发展工程教育中心致力于研究精确测量和改善绿色屋顶性能的方法：http://sustainengineering.org/projects/green-roofs/

　　德国景观研究、发展与建筑协会（以德语首字母缩写FLL为人熟知）提供英语信息，并且可以购买指南：http://www.roofmeadow.com/technical/fll.php

　　Greenroofs.com网站集合了新闻文章、行业信息和即将召开的会议和活动清单。网站经常更新并维护着大型可供搜索的项目数据库：http://www.greenroofs.com/

　　健康城市的屋顶绿化，一个多伦多的行业协会，举行年度会议和展会，管理奖励计划，销售培训材料，近期还开发了资格认证项目。列出的获奖项目和成员企业及公司可以为发掘有潜质的设计师和安装商提供一个起点：

http://www.greenroofs.org/

国际绿色屋顶协会举办会议并传播有关绿色屋顶的信息：http://www.igra-world.com/index.php

伯德·约翰逊夫人野花中心(Lady Bird Johnson Wildflower Center)从事本土植物绿色屋顶的研究：http://www.wildflower.org/greenroof/

Livingroofs.org是一个汇编项目信息和研究的英国网站；同时有小型项目的DIY自助指南可供购买：http://www.livingroofs.org/

美国密歇根州立大学的绿色屋顶研究项目网站提供绿色屋顶的综合信息和研究项目的更新：http://www.hrt.msu.edu/greenroof/

美国俄勒冈州立大学的绿色屋顶研究：http://hort.oregonstate.edu/greenroof_block

美国宾夕法尼亚州立大学的绿色屋顶研究中心致力于绿色屋顶性能的研究，包括雨水量和质量，以及测试材料：http://web.me.com/rdberghage/Centerforgreenroof/Home.html

美国南伊利诺伊大学的绿色屋顶环境评估网站：http://www.green-siue.com/home.html

美国阿肯色大学建筑学院的绿色屋顶研究：http://architecture.uark.edu/500.php

美国总务署提供美国联邦政府大楼的绿色屋顶清单，包括一些项目信息如建筑面积和安装年份：http://www.gsa.gov/Portal/gsa/ep/contentView.do?contentType=GSA_BASIC&contentId=25943&noc=T

支持绿色屋顶建造的政策和激励措施

美国建筑师协会撰写报告讨论了各种本地绿色激励项目的利弊：http://www.aia.org/advocacy/local/incentives/AIAB028722

Greenroofs.com在行业支持页面中提供关于绿色屋顶政策、

激励和补助金的信息：http://www.greenroofs.com/Greenroofs101/industry_support.htm

Paladino and Company将西雅图市的各种绿色屋顶政策和激励项目加以总结和分析，并公布在城市绿色屋顶网站上（向下滚屏至"Academic"并点击链接"Sustainable Policies and Incentives Samples"）：http://www.ci.seattle.wa.us/dpd/GreenBuilding/OurProgram/Resources/TechnicalBriefs/DPDS_009485.asp

美国环境保护署（EPA）提供一系列文件帮助地方政府整合绿色基础设施政策。并就其他问题公布文件，着重强调融资渠道和激励机制。EPA市政手册：用绿色基础设施改善潮湿天气：http://cfpub2.epa.gov/npdes/greeninfrastructure/munichandbook.cfm

芝加哥

芝加哥为绿色屋顶的建造提供了密度奖金和补助金，同时加快审批环节，减少雨水费。接受公共援助或被城市规划部门认定为"统筹开发"或"湖滨地区保护条例开发"的项目通常要求屋顶绿化面积达到一定的百分比。城市绿色屋顶网站为绿色屋顶提供了建造指导、供应商名单、行政许可信息，以及特色项目的视频：http://www.artic.edu/webspaces/greeninitiatives/greenroofs/main.htm

纽约

一项适用于纽约市的绿色屋顶建造的税收优惠政策于2009年通过州立法机关的批准并生效：http://www.nyc.gov/html/dof/html/property/property_tax_reduc_taxreductions.shtml

费城

费城的雨水手册中认为绿色屋顶是最佳的雨洪管理方法。按照手册中的技术要求设计的绿色屋顶不算作不透水面积，从而减少了雨水费。查看手册正文，包括绿色屋顶的设计要求，可登录网址：http://www.phillyriverinfo.org/programs/SubProgramMain.aspx?Id=StormwaterManual

此外，费城为绿化面积达到屋顶总面积的50%或符合标准的屋顶面积的75%（以较大者为准）的屋顶提供绿色屋顶安装费的25%的商业特权税优惠（至多$10万美元）。查看税收优惠政策：www.phila.gov/revenue/pdfs/Internet_Summary_-_B.pdf

波特兰，俄勒冈州

波特兰为绿色屋顶提供补助金、密度奖金，并减少雨水费。大多数新建的市属建筑都要求达到至少70%的屋顶绿化覆盖。波特兰市环境服务局的生态屋顶信息网站包含法规信息、激励措施和补助金；概况介绍；案例分析；性能数据；研究链接；以及pdf格式的生态屋顶手册：http://www.portlandonline.com/bes/index.cfm?c=44422

西雅图

在西雅图，根据雨水流量控制要求，绿色屋顶可作为减少不透水面积的可接受的策略。在一些商业区域，绿色屋顶还能用于满足绿色工厂的植被覆盖率要求。西雅图市的一个实用的网站上可以找到地方法规、激励措施、监测研究、该区域的绿色屋顶项目、案例分析以及其他城市的绿色屋顶网站的基本信息和链接。西雅图市的规划发展部正在开发绿色屋顶建造的技术指南，并通过地方数据监测水文情况，以便更加精确地量化绿色屋顶的雨水性能: http://www.seattle.gov/dpd/GreenBuilding/OurProgram/Resources/TechnicalBriefs/DPDS_009485.asp

多伦多

2009年，多伦多成为北美第一个要求大多数大型新建项目建造绿色屋顶的城市。新法律于2010年对住宅、商业、公共机构项目生效，于2011年对工业项目生效。详见：http://www.toronto.ca/greenroofs/index.htm

华盛顿特区

特区的环境部已设立了试点项目为合格的绿色屋顶建筑每平方英尺补贴5美元，每个项目至多补贴2万美元。植被覆盖面积至少达到屋顶面积的50%（公共基础设施和天窗除外），并且生长基质层的深度至少达到3英寸（7.5cm）。详见：http://ddoe.dc.gov/ddoe/cwp/view,a,1209,q,499460.asp

专业信息及行业信息

专业协会的地方分会能够帮助你找到经验丰富的绿色屋顶设计师和安装商。

美国建筑师协会（AIA）：http://www.aia.org/index.htm；AIA为客户提供可持续资源：http://www.aia.org/practicing/groups/kc/AIAS077433；AIA委员会1997年——至今排名前十的绿色环保项目：http://www.aiatopten.org/hpb/；AIA减少建筑用矿物燃料50%使

用率的50个策略（包括绿色屋顶部分和相关问题如生命周期评估）：http://www.aia.org/practicing/groups/kc/AIAS077430

美国景观设计师协会（ASLA）：http://www.asla.org/；ASLA绿色屋顶项目：http://land.asla.org/050205/greenroofcentral.html；ASLA绿色基础设施指南：http://www.asla.org/ContentDetail.aspx?id=24076

美国建筑规范研究院（CSI）和加拿大建筑规范部（CSC）。推荐使用的建筑规范格式：http://www.csinet.org/s_csi/sec.asp?TRACKID=&CID=1352&DID=11123

Factory Mutual Global规范要求：http://www.fmglobal.com/Factory Mutual Global数据表，包括财产损失防护数据表1-35：绿色屋顶系统，免费下载地址：http://www.fmglobaldatasheets.com

美国屋顶承包商协会（NRCA）：http://www.nrca.net/NRCA协会出版了一本绿色屋顶手册，其中包含一些有用的设计细节。购买网址：http://www.nrca.net/rp/pubstore/details.aspx?id=514/NRCA的屋顶环境创新中心发表的一些绿色屋顶信息：http://www.roofingcenter.org/main/home

建筑认证项目

绿色地球评估和评级系统已在加拿大建立，最初是以英国建筑研究院的环境评估方法为基础。这套系统同样也被用于美国。了解更多信息：http://www.greenglobes.com/

绿色能源与环境设计先锋奖（LEED）认证项目由美国绿色建筑协会建立。加入团体或了解绿色建筑的基本信息：http://www.usgbc.org/

美国政府的能源之星项目，是广为人知的建筑评级项目，同样也可以认证商业建筑和工厂。了解更多信息：http://www.

energystar.gov/index.cfm?c=business.bus_bldgs

评定项目

绿色建筑认证协会（GBCI）成立于2008年1月运行美国绿色建筑协会的绿色能源与环境设计先锋奖（LEED）的认定项目。同时也接管了LEED建筑的认证：http://www.gbci.org/

健康城市的屋顶绿化，一个多伦多的行业贸易协会，近期建立了绿色屋顶专业资格认定项目：http://greenroofs.org/index.php?option=com_content&task=view&id=170&Itemid=86

对绿色屋顶维护有帮助的参考文献

绿色屋顶的维护有很大一部分涉及辨认和清除杂草。以下是一些有帮助的指南。

加拿大政府在线提供杂草信息和辨认资源：http://www.weedinfo.ca/home.php

*Common Weed Seedlings of the North Central States*由Andrew J.Chomas, James J.Kells和J.Boyd Carey著。2001. pdf文件网址：*fieldcrop.msu.edu/documents/Ncr607.pdf*

*Field Guide to Noxious and Other Selected Weeds of British Columbia*由Roy Cranston, David Ralph和Brian Wikeem著。2002.网址：http://www.agf.gov.bc.ca/cropprot/weedguid/weedguid.htm

*An IPM Pocket Guide to Weed Identification in Nurseries and Landscapes*由Steven A. Gower和Robert J. Richardson。2007. 美国密歇根州立大学拓展计划（Michigan State University Extension，MSUE）提供网址：http://www.ipm.msu.edu/weeds-nursery/contents.htm

*Northwest Weeds*由Ronald J. Taylor著。1990. 蒙大拿州密苏拉

市：Mountain Press

美国农业部植物数据库（http://plants.usda.gov/java/noxiousDriver）包含联邦和州内有害杂草和入侵植物列表，以及按植物学名、常用名排序的包含图片的信息。

Weeds of the North Central States. 1981.北部中心区域研究出版物（North Central Regional Research Publication）第281号，期刊772。伊利诺伊大学厄本那香槟分校。

*Weeds of the Northeast*由Richard H. Uva, Joseph C. Neal和Joseph M. Ditomaso著。1997. 纽约洲以色佳市：康奈尔大学出版社

*Weeds of the South*由Charles T. Bryson, Michael S. DeFelice和Arlyn Evans著。2009. 雅典：乔治亚大学出版社。

*Weeds of the West*由Larry C. Burrill, Steven A. Dewey, David W. Cudney, B. E. Nelson和Tom D. Whitson著。1996. 新墨西哥洲拉斯克鲁塞斯：杂草科学西部学会（Western Society of Weed Science）

其他绿色屋顶书目

*Planting Green Roofs and Living Walls*由Nigel Dunnett和Noel Kingsbury著。2008.波特兰，俄勒冈州：Timber Press.书中有大量信息和图片，绝大部分都关于欧洲绿色屋顶。

Roof Gardens: *History, Design, Construction* 由Theodore Osmondson著。1999.纽约：W.W.Norton.如果你想了解强化型绿色屋顶，那么可以从这本书开始。

主要参考书目

Allaby, M., ed. 2006. *Oxford Dictionary of Plant Sciences*. Oxford University Press, New York.

Almeda, F. No date. Video describing the plant selection process for the California Academy of Sciences green roof. Available at http://www.calacademy.org/academy/building/the_living_roof/.

American Horticultural Society (AHS). Plant Heat-Zone Map. Available at http://www.ahs.org/pdfs/05_heat_map.pdf.

American Institute of Architects (AIA). 2008. Local Leaders in Sustainability: Green Incentives. Available at http://www.aia.org/advocacy/local/incentives/AIAB028722.

ASTM International. 2007. Sustainability Subcommittee Launches Development of Proposed Green Roof Guide. *Standardization News* July. Available at http://www.astm.org/SNEWS/JULY_2007/roof_jul07.html.

ASTM International. 2009. Annual Book of ASTM Standards. Volume 04.12 Building Constructions (II): E1671–latest; Sustainability; Property Management Systems; Technology and Underground Utilities. E2396: Standard Testing Method for Saturated Water Permeability of Granular Drainage Media [Falling-Head Method] for Green Roof Systems. E2397: Standard Practice for Determination of Dead Loads and Live Loads Associated with Green Roof Systems. E2398: Standard Test Method for Water Capture and Media Retention of Geocomposite Drain Layers for Green Roof Systems. E2399: Standard Test Method for Maximum Media Density for Dead Load Analysis (includes tests to measure moisture retention potential and saturated water permeability of media). E2400: Standard Guide for Selection, Installation, and Maintenance of Plants for Green Roof Systems.

Autodesk/AIA Green Index Survey. 2008. Available at http://images.autodesk.com/adsk/files/2008_autodesk-aia_green_index_report_final.pdf.

Bass, B. 2007. Green Roofs and Green Walls: Potential Energy Savings in the Winter. Report on Phase I. Adaptation and Impacts Research Division, Environment Canada at the University of Toronto Centre for Environment. Available at *www.upea.com/pdf/greenroofs.pdf*.

Bauers, S. 2009. Breaking Ground with a $1.6 Billion Plan to Tame Water. *Philadelphia Inquirer* 27 September. Available at http://www.philly.com/inquirer/front_page/20090927_Breaking_ground_with_a__1_6_billion_plan_to_tame_water.html.

Beattie, D., and R. Berghage. 2004. Green Roof Media Characteristics: The Basics. In Greening Rooftops for Sustainable Communities, Proceedings of the Second North American Green Roofs Conference, Portland, Oregon, June. Available at http://guest.cvent.com/EVENTS/Info/Summary.aspx?e=65ca54a3-0023-419c-949b-d2382747e4cb.

Bingham, L. 2009. Far from Tar: Ecoroofs Take Root in Portland. *The Oregonian*; reprinted in 20 January 2009 edition of *The Daily News*. Available at http://www.tdn.com/articles/2009/01/21/this_day/doc49750e7030e38508362102.txt.

Booth, D., B. Visitacion, and A. C. Steinemann. 2006. Damages and Costs of Stormwater Runoff in the Puget Sound Region. Available at http://www.psparchives.com/our_work/stormwater.htm.

Borden, K., and S. Cutter. 2008. Spatial Patterns of Natural Hazards Mortality in the United States. *International Journal of Health Geographics* 7:64

Brenneisen, S. 2003. The Benefits of Biodiversity from Green Roofs: Key Design Consequences. Prepared for the Greening Rooftops for Sustainable Communities conference, Chicago. Available at http://guest.cvent.com/EVENTS/Info/Summary.aspx?e=65ca54a3-0023-419c-949b-d2382747e4cb.

Brenneisen, S. 2006. Space for Urban Wildlife: Designing Green Roofs as Habitats in Switzerland. *Urban Habitats* 4. Available at http://www.urbanhabitats.org/v04n01/wildlife_full.html.

Buckley, B. 2009. Eco-Design Risks: The Gray in Green: As Sustainable Design and Construction Gains Momentum, Project Teams Are Facing New Risks and Finding Limited Solutions. *Green Source* July. Available at http://greensource.construction.com/features/other/2009/0907_Eco-design-risks.asp.

Building Operating Management. 2008. Roofing Selection Goes Life-Cycle. Report prepared for the Center for Environmental Innovation in Roofing. Available at http://www.facilitiesnet.com/roofing/article/Roofing-Selection-Goes-LifeCycle-9400.

Burr, A. 2009. Greenwashing or Just Misunderstood? Increase in Dubious Claims of LEED Certification Seen in Marketplace. Available at http://www.costar.com/News/Article.aspx?id=52FEBE64EE17E61C91E602FACB4E691C&%20ref=1&src=rss.

Cantor, S. L. 2008. *Green Roofs in Sustainable Landscape Design*. W. W. Norton & Company, New York.

Carus, F. 2009. Living Walls and Green Roofs Pave Way for Biodiversity in New Building. Available at http://www.guardian.co.uk/environment/2009/mar/30/green-building-biodiversity.

Cavanaugh, L. M. 2008. Green Roofs: The Durability-Sustainability Link. *Maintenance Solutions* August. Available at http://

www.facilitiesnet.com/roofing/article/Green-Roofs-The-DurabilitySustainability-Link-9420.

Center for Watershed Protection. 2003. Impacts of Impervious Cover on Aquatic Systems. Available at http://www.cwp.org/Resource_Library/Why_Watersheds/.

Center for Watershed Protection. 2006. Spotlight on Superior Stormwater Programs: Philadelphia. Available at *www.cwp.org/RR_Photos/philadelphiaprofile.pdf.*

Cheatham, C. 2009a. USGBC Addresses Performance Gap. Post on *Green Building Law Update* blog. Available at http://www.greenbuildinglawupdate.com/2009/07/articles/legal-developments/usgbc-addresses-performance-gap/#comments.

Cheatham, C. 2009b. The Future of LEED: Recertification. Post on *Green Building Law Update* blog. Available at http://www.greenbuildinglawupdate.com/2009/09/articles/trends/the-future-of-leed-recertification/.

City of Portland, Bureau of Environmental Services (CoPBES). 2009a. Combined Sewer Overflow Program Progress Report, January 2009. Available at http://www.portlandonline.com/cso/index.cfm?c=31727.

City of Portland, Bureau of Environmental Services (CoPBES). 2009b. News release: EPA Drops Proposed CSO Enforcement Action Against Portland. 4 March. Available at *www.portlandonline.com/shared/cfm/image.cfm?id=234472.*

City of Portland, Bureau of Environmental Services (CoPBES). *2009c. Ecoroof Handbook. Available at http://www.portlandonline.com/BES/index.cfm?c=50818&.*

Clark, C., P. Adriaens, and F. B. Talbot. 2008. Green Roof Valuation: A Probabilistic Economic Analysis of Environmental Benefits. *Environmental Science and Technology* 42(6):2155–2161.

CNA. 2009. CNA Announces EcoCare Property Upgrade Extension Endorsement. Available at http://www.cna.com/portal/site/cna/menuitem.4937ffd9e296769bc9828081a86631a0?vgnextoid=dcfd2855e0f30210VgnVCM200000751e0c0aRCRD.

Coffman, R., and T. Waite. 2009. Vegetative Roofs as Reconciled Habitats: Rapid Assays Beyond Mere Species Counts. *Urban Habitats* 6(1). Available at http://www.urbanhabitats.org/v06n01/.

Commission for Environmental Cooperation. 1997. *Ecological Regions of North America: Toward a Common Perspective.* Available at ftp://ftp.epa.gov/wed/ecoregions/na/CEC_NAeco.pdf.

Construction Specifications Institute and Construction Specifications Canada. 2008. Section Format/Page Format: The Recommended Format for Construction Specifications. Available at http://www.csinet.org/s_csi/sec.asp?TRACKID=&CID=1352&DID=11123.

Corral, O. 2009. Demand on the Rise for Green Buildings. *Miami Herald* 13 July. Available at http://www.miamiherald.com/news/southflorida/v-fullstory/story/1138219.html.

D'Annunzio, J. A. 2003. Roof System Design Standards. *Roofing Contractor* April, reprinted by *Roofing Technology*. Available at http://www.roofingtechmag.net/pages/vol4Iss1/designstandards.html.

Davis, W. N. 2009. Green Grow the Lawsuits. *ABA Journal* February. Available at http://abajournal.com/magazine/green_grow_the_lawsuits/.

Deutsch, B., H. Whitlow, M. Sullivan, A. Savineau, and B. Busiek. 2007. The Green Build-out Model: Quantifying the Stormwater Management Benefits of Trees and Green Roofs in Washington, D.C. Available at http://www.caseytrees.org/planning/greener-development/gbo/index.php.

Dunnett, N., and N. Kingsbury. 2008. *Planting Green Roofs and Living Walls*. Timber Press, Portland, Oregon.

Elvidge, C. D., C. Milesi, J. B. Dietz, B. T. Tuttle, P. C. Sutton, R. Nemani, and J. E. Vogelmann. 2004. U.S. Constructed Area Approaches the Size of Ohio. *Eos* 85(24):233–240. Available at *www.agu.org/pubs/crossref/2004/2004EO240001.shtml*.

Evans, J. 2006. Roof Inspections: A Closer Look. *Maintenance Solutions* October. Available at http://www.facilitiesnet.com/roofing/article/Roof-Inspections-A-Closer-Look-5441.

Factory Mutual Global. 2007. Property Loss Prevention Data Sheet 1-35: Green Roof Systems. Available at http://www.fmglobalcatalog.com/Default.aspx.

Forschungsgesellschaft Landschaftsentwicklung Landschaftsbau e. V. 2008. *Guideline for the Planning, Execution, and Upkeep of Green Roof Sites*. Forschungsgesellschaft Landschaftsentwicklung Landschaftsbau e. V., Bonn. Available at http://www.roofmeadow.com/technical/fll.php.

Friedrich, C. R. 2005. Principles for Selecting the Proper Components for a Green Roof Growing Media. Available at http://www.permatill.com/Greenroof_Growing_Media_Summary.pdf.

Friedrich, C. R., and S. Marlowe. 2009. Drought and the Discovery Place Green Roof Trials: A Research Project. Presentation at the Greening Rooftops for Sustainable Communities conference, Atlanta, Georgia. Available at http://guest.cvent.com/EVENTS/Info/Summary.aspx?e=65ca54a3-0023-419c-949b-d2382747e4cb.

Gangnes, D. 2007. Magnusson Klemencic Associates Update: Seattle Green Roof Evaluation Project Final Report. Available at http://www.ci.seattle.wa.us/dpd/GreenBuilding/OurProgram/Resources/TechnicalBriefs/DPDS_009485.asp.

Gedge, D. 2003. From Rubble to Redstarts. Prepared for the Greening Rooftops for Sustainable Communities conference, Chicago.

Available at http://guest.cvent.com/EVENTS/Info/Summary. aspx?e=65ca54a3-0023-419c-949b-d2382747e4cb.

Gedge, D., and G. Kadas. 2005. Green Roofs and Biodiversity. *Biologist* 52(3):161–169.

Gedge, D., and J. Little. 2008. *The DIY Guide to Green and Living Roofs*. Available at http://www.livingroofs.org/DIY_Guide_intro. html.

Getter, K. L., D. B. Rowe, and J. A. Andersen. 2007. Quantifying the Effect of Slope on Green Roof Stormwater Retention. *Ecological Engineering* 31:225–231.

Getter, K. L., D. B. Rowe, G. P. Robertson, B. M. Gregg, and J. A. Andersen. 2009. Carbon Sequestration Potential of Extensive Green Roofs. *Environmental Science and Technology* 43(19): 7170–7174.

Graham, M. 2007. Technical bulletin: NRCA's New Green Roof Systems Manual. Available at http://docserver.nrca.net/pdfs/ technical/9070.pdf.

Greer, R. K. 2008. Mimicking Pre-Development Hydrology Using LID: Time for a Reality Check? Proceedings of the International Low-Impact Development Conference, Seattle, Washington. Available at http://www.proceedings.com/05231.html.

Handwerk, B. 2004. Landscaped Roofs Have Chicago Mayor Seeing Green. *National Geographic News* 15 November. Available at http://news.nationalgeographic.com/news/2004/11/ 1115_041115_green_roofs.html.

Harrington, J. 2008. The Greening of Property Insurance. [American Association of Insurance Services] *Viewpoint* 33(1). Available at http://www.aaisonline.com/Viewpoint/2008/08sum3.html.

Harris, A. 2009. Rainwater Rules Cast Cloud over Development. Available at http://www.richmondbizsense.com/2009/07/17/ rainwater-rules-cast-cloud-over-development/.

Harris, C. M. 1988. *Time-Saver Standards for Landscape Architecture*. McGraw, New York.

Hoff, J. L. 2008. Life Cycle Assessment and the LEED Green Building Rating System. Available at http://www. roofingcenter.org/syncshow/uploaded_media/Documents/ Life%20Cycle%20Assessment%20and%20the%20LEED%20Gr een%20Building%20Rating%20System.PDF.

Johnson, M. H. 2007. Reconsidering Value Engineering. *Civil Engineer* February. Available at http://pubs.asce.org/magazines/ CEMag/2007/Issue_02-07/article1.htm.

Kamenetz, A. 2007. The Green Standard? LEED Buildings Get Lots of Buzz, But the Point Is Getting Lost. *Fast Company* October. Available at http://www.fastcompany.com/magazine/119/ the-green-standard.html?page=0%2C1.

Kauffman, T. 2009. The Re-roofing of Government. Available at http://www.federaltimes.com/index.php?S=4044663.

King, J. 2009. Letter. *Landscape Architecture* October.

King County Department of Natural Resources and Parks, Waste-water Treatment Division. 2008. Combined Sewer Overflow Control Program 2007–2008 Annual Report. Available at http://www.kingcounty.gov/environment/wastewater/CSO/Library/AnnualReports.aspx.

Klinenberg, E. 2002. *Heat Wave: A Social Autopsy of Disaster in Chicago.* University of Chicago Press, Chicago.

Köhler, M. 2003. Plant Survival Research and Biodiversity: Lessons from Europe. Presented at the Greening Rooftops for Sustainable Communities conference, Chicago. Available at http://guest.cvent.com/EVENTS/Info/Summary.aspx?e=65ca54a3-0023-419c-949b-d2382747e4cb.

Köhler, M. 2006. Long-Term Vegetation Research on Two Extensive Green Roofs in Berlin. *Urban Habitats* 4. Available at http://www.urbanhabitats.org/v04n01/berlin_full.html.

Köhler, M., and M. Schmidt. 2003. Study of Extensive Green Roofs in Berlin. Part III. Retention of Contaminants. Available at http://www.roofmeadow.com/technical/publications.php.

Kolker, K. 2008. Company Blames Rapid as Green Roof Dries Out. *The Grand Rapids Press* 29 February. Available at http://blog.mlive.com/grpress/2008/02/company_blames_rapid_a_green_r.html.

Kottek, M., J. Grieser, C. Beck, B. Rudolf, and F. Rubel. 2006. World Map of the Köppen-Geiger Climate Classification Updated. *Meteorologische Zeitschrift* 15:259–263. Available at http://koeppen-geiger.vu-wien.ac.at/.

Kurtz, T. 2008. Flow Monitoring of Three Ecoroofs in Portland, Oregon. Presented at the American Society of Civil Engineers Low-Impact Development conference, Seattle, Washington. Available at http://www.proceedings.com/05231.html.

Larsen, J. 2003. Record Heat Wave in Europe Takes 35,000 Lives: Far Greater Losses May Lie Ahead. Available at http://www.earth-policy.org/index.php?/plan_b_updates/2003/update29.

Lenart, M. 2009. Desert Prototype. *Landscape Architecture* October.

Liptan, T. 2003. Planning, Zoning, and Financial Incentives for Ecoroofs in Portland, Oregon. Prepared for the Greening Rooftops for Sustainable Communities conference, Chicago. Available at http://guest.cvent.com/EVENTS/Info/Summary.aspx?e=65ca54a3-0023-419c-949b-d2382747e4cb.

Luckett, K. 2009a. *Green Roof Construction and Maintenance.* McGraw-Hill, New York.

Luckett, K. 2009b. Green Roof Wind Uplift Challenges: Paranoia, Turn a Blind Eye, or How About We Work Together? Available at http://www.greenroofs.com/content/greenroofguy003.htm.

Lundholm, J. T. 2006. Green Roofs and Facades: A Habitat Template Approach. *Urban Habitats* 4. Available at http://www.urbanhabitats.org/v04n01/habitat_full.html.

MacMullen, E., S. Reich, T. Puttman, and K. Rodgers. 2008. Cost-Benefit Evaluation of Ecoroofs. Presented at the American Society of Civil Engineers Low-Impact Development conference, Seattle, Washington. Available at http://www.proceedings.com/05231.html.

Malin, N. 2005. Green Globes Emerges to Challenge LEED. *Environmental Building News* 14:3. Available at http://www.building-green.com/auth/article.cfm?fileName=140304b.xml.

Marinelli, J. 2007. Green Roofs Take Root. *National Wildlife*, December 2007/January 2008, 46(1). Available at http://www.nwf.org/NationalWildlife/article.cfm?issueID=119&articleID=1538.

Maryland Department of the Environment. 2000. Maryland Stormwater Design Manual. Available at http://www.mde.state.md.us/Programs/WaterPrograms/SedimentandStormwater/stormwater_design/index.asp.

McCarthy, B. C. 2008. Plant Community Ecology course material. Available at http://www.plantbio.ohiou.edu/epb/instruct/commecology/ppt/LEC-1ai.pdf.

McIntyre, L. 2007a. Early Adopter. *Landscape Architecture* November.

McIntyre, L. 2007b. Grassroots Green Roof. *Landscape Architecture* December.

McIntyre, L. 2008a. State of the Art. *Landscape Architecture* June.

McIntyre, L. 2008b. A Spot of Green in Steel City. *Landscape Architecture* September.

McIntyre, L. 2009. High-Maintenance Superstar. *Landscape Architecture* August.

Miller, C. 2003. How to Assess Retention/Drainage Sheets. Available at http://www.roofmeadow.com/technical/publications.php.

Miller, C. 2008. Role of Green Roofs in Managing Thermal Energy. Available at http://www.roofmeadow.com/technical/publications.php.

Miller, C. 2009a. Roof Media Selection. Available at http://www.roofmeadow.com/technical/publications.php.

Miller, C. 2009b. Designing for the Long Term. Presentation to University of Maryland landscape architecture students. Webcast available at http://www.psla.umd.edu/PLSC/|SeminarsGreen Roof.cfm.

Miller, C., and C. Eichhorn. 2003. A New Leak Detection Technique. Available at http://www.roofmeadow.com/technical/publications.php.

Miller, N., J. Spivey, and A. Florance. 2008. Does Green Pay Off? *Journal of Sustainable Real Estate*. Available at http://www.costar.com/josre/.

Monterusso, M. A., D. B. Rowe, and C. L. Rugh. 2005. Establishment and Persistence of *Sedum* spp., and Native Taxa for Green Roof Applications. *HortScience* 40(2):391–396.

Moran, A., B. Hunt, and J. Smith. 2005. Hydrologic and Water Quality Performance from Green Roofs in Goldsboro and Raleigh, North Carolina. Available at http://www.bae.ncsu.edu/greenroofs/GRHC2005paper.pdf.

National Oceanic and Atmospheric Administration. No date. Economics of Heavy Rain and Flooding Data and Products information page. Available at http://www.economics.noaa.gov/?goal=weather&file=events/precip. Bibliography for Estimate of Economic Damage by Flooding in the U.S. in 2007. Available at http://www.ncdc.noaa.gov/oa/reports/billionz.html.

National Research Council. 2008. *Urban Stormwater Management in the United States*. The National Academies Press, Washington, D.C.

National Roofing Contractors Association (NRCA). No date. Roofing Warranties Advisory Bulletin. Available at http://www.nrca.net/consumer/warranties.aspx.

National Roofing Contractors Association (NRCA). 2009. *Vegetative Roof Systems Manual*. 2nd ed. National Roofing Contractors Association, Rosemont, Illinois.

Natural Resources Conservation Service. 2003. 2001 Annual Natural Resources Inventory: Urbanization and Development of Rural Land. Available at http://www.nrcs.usda.gov/technical/NRI/2001/nri01dev.html.

Natural Resources Defense Council. 2008. Testing the Waters: A Guide to Water Quality at Vacation Beaches. Available at http://www.nrdc.org/water/oceans/ttw/titinx.asp.

Oberdorfer, E., J. Lundholm, B. Bass, R. R. Coffman, H. Doshi, N. Dunnett, S. Gaffin, M. Köhler, K. K. Y. Liu, and B. Rowe. 2007. Green Roofs as Urban Ecosystems: Ecological Structures, Functions, and Services. *BioScience* 57(10):823–833.

Ortega-Wells, A. 2009. It's Not Easy Being Green, But It's Profitable. *Insurance Journal* April. Available at http://www.insurancejournal.com/news/ational/2009/04/21/99798.htm.

Peck, S. 2008. *Award Winning Green Roof Designs*. Shiffer Publishing Ltd., Atglen, Pennsylvania.

Penn State University, College of Agricultural Sciences, Agricultural Analytical Services Lab. No date. Green Roof Media Testing. Available at http://www.aasl.psu.edu/Greenroof.html.

Philadelphia Water Department, Office of Watersheds. 2008. City of Philadelphia Stormwater Management Guidance Manual.

Available at http://www.phillyriverinfo.org/Programs/ SubprogramMain.aspx?Id=StormwaterManual.

Philadelphia Water Department. 2009. Green City, Clean Waters: The City of Philadelphia's Program for Combined Sewer Overflow Control: A Long-Term Control Plan Update. Available at http://www.phillywatersheds.org/ltcpu/.

Philippi, P. 2005. Introduction to the German FLL Guideline for the Planning, Execution, and Upkeep of Green Roof Sites. Available at http://www.greenroofservice.com/download.html.

Philippi, P. 2006. How to Get Cost Reduction in Green Roof Construction. Available at http://www.greenroofservice.com/ downpdf/Boston%20Paper.pdf.

Pitt, R. 1999. Small Storm Hydrology and Why It Is Important for the Design of Stormwater Control Practices. Pp. 61–90 in *Advances in Modeling the Management of Stormwater Impacts*, Volume 7. Edited by W. James. Computational Hydraulics International, Guelph, Ontario, and Lewis Publishers/CRC Press, Boca Raton, Florida.

Porsche, U., and M. Köhler. 2003. Life Cycle Costs of Green Roofs: A Comparison of Germany, USA, and Brazil. Proceedings of the World Climate and Energy Event, Rio de Janeiro, Brazil, 1–5 December. Available at www.gruendach-mv.de/en/RIO3_461_ U_Porsche.pdf.

Posner, A. 2008. Becoming a LEED Accredited Professional. Available at http://www.treehugger.com/files/2008/08/becoming-leed-accredited-professional.php.

Post, N. 2009. Building Rating System Requirement Raises Concerns. *Engineering News-Record*, 8 July. Available at http://enr.ecnext.com/comsite5/bin/comsite5.pl?page=enr_ document&item_id=0271-55750&format_id=XML.

Rana Creek. 2007. Modular Biotrays Press Release. Available at http://www.ranacreek.com/.

Roberts, T. 2009. LEED AP Credential Program Overhauled. *Green Source*. Available at http://greensource.construction.com/news/ 2009/090126LEEDAP.asp.

Rooflite Green Roof Media. No date. Frequently Asked Questions. Available at http://www.rooflite.us/?faq.

Roofscapes. No date. American Green Roof Standards and Testing Methodologies. Available at http://www.roofmeadow.com/ technical/astm.php.

Rosenzweig, C., S. Gaffin, and L. Parshall, eds. 2006. Green Roofs in the New York Metropolitan Region: Research Report. Columbia University Center for Climate Systems Research and NASA Goddard Institute for Space Studies, New York. Available at http://ccsr.columbia.edu/cig/greenroofs.

Schendler, A., and R. Udall. 2005. LEED Is Broken; Let's Fix It. Available at http://www.grist.org/comments/soapbox/2005/10/26/leed/index1.html.

Schneider, J. 2008. Best Intentions: A Vegetated-Roof Failure Teaches Valuable Lessons. *Eco-Structure* April.

Schneider, K. 2006. In Chicago, a Green Economy Rises. Great Lakes Bulletin News Service. Available at http://www.mlui.org/growthmanagement/fullarticle.asp?fileid=17051.

Simmons, M. T., H. C. Venhaus, and S. Windhager. 2007. Exploiting the Attributes of Regional Ecosystems for Landscape Design: The Role of Ecological Restoration in Ecological Engineering. *Ecological Engineering* 30:201–205.

Slone, D. K., and D. E. Evans. 2003. Integrating Green Roofs and Low-Impact Design into Municipal Stormwater Regulations. Presentation for the Greening Rooftops for Sustainable Communities conference, Chicago. Available at http://guest.cvent.com/EVENTS/Info/Summary.aspx?e=65ca54a3-0023-419c-949b-d2382747e4cb.

Snodgrass, E., and L. Snodgrass. 2006. *Green Roof Plants: A Resource and Planting Guide*. Timber Press, Portland, Oregon.

Stephenson, R. 1994. *Sedum: Cultivated Stonecrops*. Timber Press, Portland, Oregon.

St. John, A. 2008. Green Acres: Construction Services, a Tecta America Company, Installs a Vegetative Roof System on the Birmingham SSA Center. *Professional Roofing* December. Available at http://www.professionalroofing.net/article.aspx?id=1402.

Storm Water Infrastructure Matters (SWIM) Coalition. 2008. Press release: New York City to Clean up Waterways by Greening Roadways and Roofs. Available at http://swimmablenyc.info/.

Taylor, B. 2008. The Stormwater Control Potential of Green Roofs in Seattle. Prepared for the American Society of Civil Engineers Low-Impact Development conference, Seattle, Washington. Available at http://www.proceedings.com/05231.html.

Taylor, B., and D. Gangnes. 2004. Method for Quantifying Runoff Reduction of Green Roofs. Prepared for the Green Roofs for Healthy Cities Conference, Portland, Oregon. Available at http://guest.cvent.com/EVENTS/Info/Summary.aspx?e=65ca54a3-0023-419c-949b-d2382747e4cb.

Thomson, D. 2009. Don't Be Colorblind to Green Risks. *Construction Bulletin*. Available at http://www.acppubs.com/article/CA6655164.html.

Traver, R. G. 2009. Testimony before the U.S. House of Representatives Committee on Transportation and Infrastructure Subcommittee on Water Resources and the Environment, 19 March. Available at http://transportation.house.gov/hearings/hearingdetail.aspx?NewsID=833.

U.S. Composting Council. No date. Program information. Available at http://www.compostingcouncil.org/programs/.

U.S. Department of Agriculture. No date. Plant Hardiness Zone Map. Available at http://www.usna.usda.gov/Hardzone/ushzmap.html.

U.S. Department of Energy, Energy Information Administration. 2001. Electricity Consumption by End Use in U.S. Households. Available at http://www.eia.doe.gov/emeu/reps/enduse/er01_us_tab1.html.

U.S. Department of Energy, Energy Information Administration. 2009. *Annual Energy Outlook 2009 With Projections to 2030*. Report DOE/EIA-0383. Available at http://www.eia.doe.gov/oiaf/aeo/index.html.

U.S. Environmental Protection Agency (EPA). No date. National Pollutant Discharge Elimination System Sanitary Sewer Overflow information page. Available at http://cfpub.epa.gov/npdes/home.cfm?program_id=4.

U.S. Environmental Protection Agency (EPA). 1994. *What Is Nonpoint Source (NPS) Pollution? Questions and Answers*. Information taken from EPA Pollution Brochure EPA-841-F-94-005. Available at http://www.epa.gov/owow/nps/qa.html.

U.S. Environmental Protection Agency (EPA). 2002. Watershed Hydrology Pertinent to BMP Design. In *Considerations in the Design of Treatment Best Management Practices (BMPs) to Improve Water Quality*. EPA/600/R-03/103. National Risk Management Research Laboratory, Office of Research and Development, Cincinnati, Ohio. Available at http://www.epa.gov/ORD/NRMRL/pubs/600r03103/600r03103.htm.

U.S. Environmental Protection Agency (EPA). 2004a. *Report to Congress: Impacts and Control of CSOs and SSOs*. EPA/833/R-01/001. Available at http://cfpub.epa.gov/npdes/cso/cpolicy_report2004.cfm.

U.S. Environmental Protection Agency (EPA). 2004b. *Stormwater Best Management Practice Design Guide*. Volume 1, *General Considerations*. EPA/600/R-04/121. Office of Research and Development, Washington, D.C. Available at *www.epa.gov/nrmrl/pubs/600r04121/600r04121.pdf*.

U.S. Environmental Protection Agency (EPA). 2009a. *Green Roofs for Stormwater Runoff Control*. EPA/600/R-09/026. National Risk Management Research Laboratory, Office of Research and Development, Cincinnati, Ohio. Available at http://www.epa.gov/nrmrl/pubs/600r09026/600r09026.htm.

U.S. Environmental Protection Agency (EPA). 2009b. *Technical Guidance on Implementing Section 438 of the Energy Independence and Security Act*. Draft for discussion with the Interagency Sustainability Working Group. Available at http://www.epa.gov/owow/nps/lid/section438/.

索引

U.S. Environmental Protection Agency (EPA). 2009c. *Managing Wet Weather with Green Infrastructure: Municipal Handbook —Incentives*. EPA/833/F-09/001. Available at http://cfpub2.epa.gov/npdes/greeninfrastructure/munichandbook.cfm.

U.S. General Services Administration. No date. Public Building Service Overview. Available at http://www.gsa.gov/Portal/gsa/ep/contentView.o?contentType=GSA_OVERVIEW&contentId=8062.

U.S. General Services Administration. 2008a. *Assessing Green Building Performance: A Post Occupancy Evaluation of 12 GSA Buildings*. PNNL-17393. GSA Public Buildings Service, Office of Applied Science, Pacific Northwest National Laboratory, Richland, Washington. Available at http://www.wbdg.org/research/sustainablehpbs.php?a=8.

U.S. General Services Administration. 2008b. *Sustainability Matters*. GSA Public Buildings Service, Office of Applied Science. Available at http://www.gsa.gov/Portal/gsa/ep/contentView.do?contentType=GSA_OVERVIEW&contentId=8154.

U.S. Geological Survey. 2008. Floods: Recurrence Intervals and 100-Year Floods. Available at http://ga.water.usgs.gov/edu/100yearflood.html.

U.S. Geological Survey. 2009. Water Properties. Available at http://ga.water.usgs.gov/edu/waterproperties.html.

U.S. Green Building Council (USGBC). No date. About USGBC: USGBC Programs. Press kit available at www.usgbc.org.

U.S. Green Building Council. 2009. LEED Initiatives in Government and Schools: Federal Initiatives. Available at http://www.usgbc.org/DisplayPage.aspx?CMSPageID=1852#federal.

Van Woert, N. D., B. Rowe, J. A. Andersen, D. L. Rugh, R. T. Fernandez, and L. Xiao. 2005. Green Roof Stormwater Retention: Effects of Roof Surface, Slope, and Media Depth. *Journal of Environmental Quality* 34:1036–1044.

Victor O. Schinnerer & Company, Inc. 2009. LEED Accredited Professionals Program Changes Risk Profiles. *Guidelines* 3-2009. Available at http://www.schinnerer.com/risk-mgmt/Gdlns/Pages/Gdlns-3-2009-pandemic-preparation.aspx.

Wanielista, M., M. Hardin, and M. Kelly. 2007. The Effectiveness of Green Roof Stormwater Treatment Systems Irrigated with Recycled Green Roof Filtrate to Achieve Pollutant Removal with Peak and Volume Reduction in Florida. Florida Department of Environmental Protection Project Number WM 864. Available at http://www.stormwater.ucf.edu/research_publications.asp#greenroof.

Wanielista, M., M. Hardin, and M. Kelly. 2008. A Comparative Analysis of Green Roof Designs Including Depth of Media,

Drainage Layer Materials, and Pollution Control Media. Florida Department of Environmental Protection Project Number WM 864. Available at http://www.stormwater.ucf.edu/research_publications.asp#greenroof.

Webber III, C. L., M. A. Harris, J. W. Shrefler, M. Durnovo, and C. A. Christopher. 2005. Organic Weed Control with Vinegar. Pp. 34–36 in *2004 Vegetable Trial Report*. MP-162. Edited by L. Brandenberger and L. Wells. Oklahoma State University, Division of Agricultural Sciences and Natural Resources, Department of Horticulture and Landscape Architecture, Stillwater. Abstract available at http://www.ars.usda.gov/research/publications/publications.htm?SEQ_NO_115=176567.

Weiler, S., and K. Scholz-Barth. 2009. *Green Roof Systems: A Guide to the Planning, Design, and Construction of Landscapes over Structure.* John Wiley & Sons, Hoboken, New Jersey.

Weinstein, N., and C. Kloss. 2009. The Implications of Section 438 for Green Technology. *Stormwater* March/April.

Weitman, D., A. Weiberg, and R. Goo. 2008. Reducing Stormwater Costs through LID Strategies and Practices. Presented at the American Society of Civil Engineers Low-Impact Development conference, Seattle, Washington. Available at http://www.proceedings.com/05231.html.

Wheeler, L., and G. Smith. 2008. Aging Systems Releasing Sewage into Rivers, Streams. *USA Today* 7 May. Available at http://www.usatoday.com/news/nation/2008-05-07-sewers-main_N.htm.

Willoughby, M. 2008. Insurers Warn of Fire Risk from Green Roofs. *Property Week* 5 September. Available at http://www.propertyweek.com/story.asp?sectioncode=29&storycode=3121655&c=1.

Wingfield, A. 2005. The Filter, Drain, and Water Holding Components of Green Roof Design. Available at http://www.greenroofs.com/archives/gf_mar05.htm.

Yocca, D. 2002. Submission for 2002 ASLA Design Awards, Chicago City Hall green roof. Available at http://www.asla.org/meetings/awards/awds02/chicagocityhall.html.